设计木人巷

中国林业出版社

我的木人巷

卢志荣

这 25 条木人巷，之前每关要克服的多是外在的挑战，其间带来的波折、弯曲，吃尽的苦头、不堪的忍受，至此，身心已被磨练到坚实不摧，好不容易地越来越接近过关的最后窍门。虽然累了、苦了、伤了也是值得的，但要战胜的是自己所筑的最后一关……

或许我一生都打不出我的设计木人巷：

创造的力量能鼓舞人心，当它是：

谦逊的，灵敏的，真诚的，充满爱心的。

创意永远不会是铺张的；

不会是财大气粗的，不会是自命不凡的，不会是盛气凌人的，也不会是梦里蝴蝶的。

创造的力量不是张扬创造者；

不是外扬自我，不是表扬名声，不是声张财富，也不是宣扬品牌。

创造力要抵抗的敌人不少，比如：

原样照搬的风格、不断更迭的潮流、莫名其妙的规范、一文不值的虚荣。

创造力之大是因为融汇了：

传统的精髓，当今的精神，共识的亲切，共享的观念。

创造力的薰陶来自：

克制的毅力，节约的技巧，低调的明智，希望的实现。

创意一直在考验创造者，其：

接受的才能，包容的善意，转变的预见，妥协的超越。

创意的崇高使命能：

团结种族，弥合文化，克服分歧，溶解界限。

明天的创意能否：

像清水那么关切？像轮子那么普及？像高山那么永恒？像诗篇那么动人？

2021 年 7 月 19 日

———

卢志荣

2015"世界杰出华人设计师"得奖人，
卢志荣的创作涵盖了建筑、雕塑、室内与家具设计等领域，
他一直以对理念的净化、诗意的诠释、细节的关注，备受意大利及国际设计界推崇。
DIMENSIONE CHI WING LO Italia 及"一方"品牌创始人，
卢志荣曾生活、工作并受教育于亚洲、美洲及欧洲。

什么是设计？

王 见

卢志荣先生从希腊来，带来了一个精彩绝伦的展览，并组织了一个青年设计家工作营。因此，在西子湖边，有了他的踱步，有了他与学生们热烈的讨论和激烈的辩论，甚至通宵达旦。这让人容易想起苏格拉底。

据说，苏格拉底喜欢与青年人在一起，不过多在街头巷尾。说他总是顺着青年人的所疑、所惑、所虑、所愿，娓娓道来。

卢志荣设计工作营，有苏氏之风。

来到这儿的一些人，藐视权威、喜欢思辨、喜欢挑战、喜欢提问题、而且喜欢哪壶不开提哪壶。他们大部分都是设计师，各有所成，不为斗米所困。故不会在一个设计的局部蝇营狗苟，扯来扯去。设计，只是问题的一个起点。然后从材料到工艺，从工艺到功能，从功能到社会，到艺术创造，到设计思想，到文化根源等一连串的追问，诘难，争辩，答疑……这让我想起拉萨哲蚌寺青年僧人的辩经，那是一种热血沸腾并振奋人心的学习场面。也让我记起德勒兹的一段话："画布或稿纸上已经布满了预先存在、预先造好的种种陈词滥调，必须首先将他们消除、擦掉、碾平，甚至撕碎，好让一股起自混沌的、给我们带来视觉的气流能够吹进来。"

因此，我对卢老师和他的那些只有十几天名分的"学生"们，心生敬意。

一般而言，设计是实用的，是经验的产物。但设计之初始，往往是异想天开，无中生有。无论是从原始人类的石斧石铲，还是人类今天的机器与航天，虽说都是经验的累积，实也是先前经验的创造。

所以，卢志荣和他的工作营，以设计之名而聚，以思辨之实而行。不会在设计问题上枝枝叶叶，而在设计思想寻寻觅觅：我——为什么要这样设计？我——为什么不可以那样设计？

身陷海量的信息社会，面对层出不穷的大千世界，是照搬抄袭？还是反躬自寻、找到自身智慧的原始冲动？如果一个人能找到一个自己的创造力价值和思想，是不是一种生命的美感？我想，这大概就是卢志荣设计工作营的导向。

而且，在这个工作营里，批评和自我批评，质疑和自我质疑成为思想之所得、追求之所在。例如有作者一一列举了自己"花园乐队"设计的问题：在高密度的人流中，没有估计到传感器能够分辨的解析度；在嘈杂的公共环境里，没有想到音乐的声音会迅速被淹没；超大的展览场地和这个设计作品的小小存在；等等。作者说："'花园乐队'，在寻找诗意的长河里翻船。"我想，一个作者若能如此坦率地对待自己的失策，并仔细梳理设计思路中的各项失误，实际上他已经用错误收获了正确。这大概可以从一个侧面说明卢志荣设计工作营的价值取向和不同凡响。

当成功与失败、正确与错误，不再被功利地区别，就变成一连串的质疑，一系列的追问，一层层的思考。这是所谓古希腊哲学的思辨与批判精神吗？

德勒兹与别人合著了一本书：《什么是哲学？》。书中提到，哲学（philosophie）一词在希腊语由 philo "朋友"加 sophie "智慧"构成，即"智慧的朋友"。德勒兹认为，这个词大概可以证明哲学起源于希腊。但哲学意义上的朋友，并不指一个外在的人物，也不是某个例证，或某一段经验性情节，而是指一种内在于思维的存在。希腊人通过哲学"不仅与柏拉图为友，更与智慧为友"。

那么，
什么是设计？卢志荣设计工作营为了什么？
sophie 和 philo？

2021 年 6 月 28 日于广州退斋

———

王 见

广州美术学院教授 硕士生导师
菲律宾克里斯汀大学东亚美术研究中心博士生导师
广州美术学院美术馆前馆长
敦煌研究院（客聘）研究员 / 敦煌研究院学术委员会（外聘）委员
清华大学吴冠中研究中心研究员 / 清华大学张仃研究中心研究员

激发设计

温 浩

每个人的生命都有一个能量核，通过挑战与探索的体验才会形成能量场 ——
卢志荣设计工作营是个能量激发器：探索未知比已知更有力量。

每个人的内心都有一个感应器，通过快乐与痛苦的体验才会形成感知力 ——
卢志荣设计工作营是个激情催化机：面对痛苦比快乐更有意义。

每个人的大脑都有一个止流阀，通过成功与失败的体验才会获得判断力 ——
卢志荣设计工作营是个思想实验室：面对失败比成功更有价值。

每个人的身体都有一个触发器，通过生存与死亡的体验才会获得生命力 ——
卢志荣设计工作营是个毅力检测仪：面对死亡比生存更有张力。

每个人的设计都有一个生命体，通过肯定与否定的体验才会获得说服力 ——
卢志荣设计工作营是个设计体验站：面对否定比肯定更有信心。

卢志荣设计工作营之始：举办的消息一经宣布，报名人数瞬间超标，渴望加入工作营
而向我寻求帮助的人纷至沓来，令我十分为难却也为之欣慰。卢志荣设计工作营是青
年设计师们的一个人生起点。

卢志荣设计工作营之终：从众多报名者中选出的 46 位学员心花怒放，他们各具差异、
多元开放、跨踌满志。5 月 14 日至 19 日的工作营课程之后，学员们悲喜交加，所思
所想、所学所感远超想象！这种沉浸、体验、互动式的工作营教学从授业、解惑、传
道至人生、真情、三观全覆盖，最终有 25 位学员坚持到进入作品展览。而未抵达终
点的学员亦不虚此行，因为他们的心灵都经历了一次一生难忘的洗礼—— 一定会更加
冷静、坚定地成就自己。卢志荣设计工作营是青年设计师们的一座人生明塔。

卢志荣设计工作营之爱：在集中学习和阶段性回看的过程中，一切行为都基于爱的本
源，这里没有虚伪、没有粉饰、没有逃避……只有真诚、真实、真切。

设计掩藏不住谎言，一切都会在作品中暴露无遗。设计就是人生，设计就是态度，设计就是爱的反映。卢志荣设计工作营是青年设计师们的一次人生感悟。

2021 年 7 月写于北京

——

温 浩

知名策展人、创作人、学者
广州美术学院家具研究院院长
"先生活"创办人、创作人
"设计之春"创办人、总策展人
2020 年 EDIDA（ELLE DECO INTERNATIONAL DESIGN AWARDS）
中国区年度设计师 Designer of the year

做最好的自己

杨明洁

因为快乐，所以设计

与卢志荣先生相识多年，他曾说过一句话让我印象深刻：做自己。

从德国回到中国的十多年间，一直记得德国导师迪特·齐墨（Dieter Zimmer）教授告诫我的一句话："极简是一种精神，它并不容易实现！"（德语原文：Einfach ist nicht einfach）展开理解便是：我们需要将自己的头脑变得尽可能地简单，才能够看清楚眼前什么是没有意义的诱惑？必须放弃。从而将有限的时间与精力专注于真正有意义的事情，并将其做到极致。

在维基百科上对于"日本职人精神"一词有如下解释："追求自己手艺的进步，并对此持有自信，不因金钱和时间的制约扭曲自己的意志或做出妥协，只做自己能够认可的工作。一旦接手，就算完全弃利益于不顾，也要使出浑身解数完成。"

从我的自身经验去理解上述的"做自己""极简"以及"职人精神"，我觉得其实当中很重要的一点就是满足自己的快感！也就是在没有任何外在压力的情况下，做这件事本身是快乐的。就好像"做设计"这件事情本身对我而言就是快乐的。

正因为快乐，所以我要尽可能地去将设计做到更好，然后获得更大的快乐！而非出于某种功利驱动或是强大压力制约之下而为之。这是一种信仰式的价值观，而非投机式的、功利主义的价值观。在这样的一种价值观的驱动下，人是快乐而自由的。

做最好的自己

认识一位设计师，进一步理解并产生敬意，是基于这位设计师的作品本身，比如我所认识的卢志荣先生。

意大利享誉全球的家具源自脱胎于手工艺的产业基础。常年在意大利的卢志荣先生，其与生俱来的东方美学与文化背景结合意大利的工艺与品质，所诞生出的作品自然是与意大利本土设计有所不同的。极简、无华、内敛的设计风格，让人们通过作品依旧可以清晰地感觉到它们来自中国设计师之手。

我一直喜欢下雨，尤其是故乡杭州的梅雨季。细密雨丝，形成极其丰富的层层雨幕。眼前的现实世界由近及远，从清晰化为模糊。感官被限制到一个纯净美好的世界中。这种源自我的童年美学启蒙记忆，也是"虚山水"系列作品诞生的因素之一。雨、雾、雪、冰形成的"虚空"，抽象成了中国绘画与诗词中的"留白"。这是东方设计美学的一个重要组成部分。将多余、没有意义的内容全部去除，只保留最重要的，进而成为了一种人文精神与审美嗜好。

一件优良作品的诞生，与设计师的经历、在地的文化背景以及产业基础，都有着密切的关联。无论是个体意义的设计师，还是群体意义的国家，做最好的自己，那才会是独一无二的。

视文化为精神，设计为标准

在卢志荣先生的设计工作营中，"如何用设计来写诗"是一条重要的线索，这里面思考的是关于设计中文化的层面。关于文化，我的德国导师迪特·齐墨教授曾对我说：我们必须认真对待"文化"这一概念，将其视为精神，而将设计视为标准。

我想，一个国家的设计水准，其实并不在于那些看似喧嚣、宏伟、浮华的表面，而是在于究竟有多少人愿意为了一件单纯而美好的事物，坚持几十年甚至上百年。即便经历断层，文化也会从根源上，以某种方式自然地继续生长，而非浮于表层的符号或形式上的模仿。我希望能够从文化的根源上开始思考，然后设计。

设计的本质始终是在探讨与解决人与人、人与物、人与社会、人与自然之间的关系。这种关系应该是友善而非对立的，设计应该为人类创造一种更为合理的生活方式与社会形态。

很荣幸作为卢志荣先生设计工作营的导师之一参与其中，以此共勉！

2021 年 6 月 27 日

————————

杨明洁

YANG DESIGN 及羊舍创始人，收藏家，福布斯中国最具影响力工业设计师。

先后就读于浙江大学与中国美术学院，获德国 WK 基金会全额奖学金，赴德完成穆特修斯学院工业设计硕士，后任职于慕尼黑西门子设计总部。2005 年至 2015 年相继创办 YANG DESIGN、杨明洁设计博物馆与生活方式品牌——羊舍。囊获了包括德国红点、iF、日本 GOOD DESIGN、美国 IDEA、欧洲 Pentawards 金奖、亚洲最具影响力设计银奖在内的上百项大奖。受邀联合国教科文组织、日本外务省、法国圣埃蒂安双年展、蓬皮杜艺术中心、歌德学院等参展、演讲及学术交流。其作品被法国蓬皮杜艺术中心永久收藏。

融合了德国逻辑思维与中国人文美学的设计理念，也使得杨明洁成为了包括波音、奥迪、MINI、爱马仕、轩尼诗、NATUZZI、故宫、华为、卡萨帝等国内外顶尖品牌的合作伙伴，项目涉及生活时尚、家居电器、交通工具、空间装置等多个领域。与绿色和平、壹基金、亚洲动物保护基金、原研哉所策划的 HOUSE VISION 大展等合作的项目，及《做设计》《DESIGN FUSION》等著作出版，体现了他作为设计师一直在思考并付诸行动的社会责任。

致各位入选"卢志荣设计工作营"的学员：

大家好！

我感到非常高兴和荣幸在这里欢迎你们参加这次密集的设计工作营，我希望你们从这一周的活动，透过我们以及与各老师们之间的互动中获益。

我选择了你们是因为我可以从大家的作品中看到一份激情，这份激情可以使我们之间产生有意义的对话，不仅是关于设计，还关乎生活和愿望。为了能够具体地展开对话，我从你们提交的申请和作品中，选定了一个主题。你可能会对我给你的主题感到困惑、又或者兴奋，但无论如何，我希望在这短短的几天，你们都能给自己一段小小的时间上的空隙，反思并发现更多的自己、你们的长处，以及你们想要克服的困扰。

当大家把所有的题目放在一起，我们将分享到从建筑到室内、从家具到器物、从艺术到写作、从培养敏锐的观察力到打开压抑的常规…… 一段又一段丰富和专注的对话；对我和班上的每位参与者来说，你们的个性、背景，你们的志趣和梦想都将会是我们灵感的来源。

工作营期间，每天上午都会有一位专门研究设计或有关领域的特邀老师。我将与每位老师进行探讨，并向老师和大家提出要点和问题，好让你们能带动更深更广的思想交流。

在每天的下午时间，即使选定的主题可能还没有完全准备好，你们都需报名向大家发表及分享你的想法和进展，我希望你们每位都会积极参与，倾听并加入每个演示主题的讨论，因为所有的设计问题都是相互关联的，其他学员面对的很可能也会是你们经常遇到的难题。在下午的某些时候，如果你们希望通过制作模型、3D打印和原型来测试设计想法，你们可以使用中国美术学院提供的工坊设施。到时将有专业的技术人员和导师陪同，帮助你们完成制作。

在每个晚上到深夜，你们亦可以报名参加演示设计主题和进展，我会鼓励即使当晚没有报名的成员也前来倾听。当然，你们可能需要片刻的宁静，为准备之后一天的功课，这也是可以理解的。

这次的设计工作营希望能为你们提供一个自我激励的学习环境，我将在旁鼓励着你们、跟着你们的探索和思路，让我更深入地了解你们。 期盼在未来的岁月里，我们之间的友谊和联系不断加深。

愿你们的创作永远反映着激情和乐观的心境。

卢志荣　2019 年 5 月 7 日

目录

设计者与生产商之间的距离

陈志林 ｜ 提·合

"提"与"合"是使用过程的动作；

"合上"后，它是一件完整的提盒，上面的盒子与下面的角几合二为一。

它可以放置于沙发旁边，用于储存糖果、小杯等；

可提起上面的盒子放到茶台上，用以待客。

材料　黄铜、橡木、皮革

尺寸　350mm×350mm×606mm（长×宽×高）

《提·合》最初是受到博物馆里老式提盒的启发，因为每个时代的家具都代表了当时的一种文化形态。我想借用"提盒"这件器物，将中国的传统文化融入现代生活。在作品中，将当代性、文化性、艺术性共融、共生，以此作为设计语言用于家具表达。

中国古代的词语博大精深，在《提·合》的名字中我应用了动词与名词的转换。"提""合"是使用时的动作，"合"同盒，暗示了此件作品的功能。上面是盛放食物的盒子，下面是起到支撑作用的角几，从上到下都用严格的几何形，形成一种视觉上的秩序感和完整性。

最初的工艺方案采用的是碳纤维的材质，碳纤维可以做得很纤细并且有足够的硬度，适合作为《提·合》上实下虚的构架。同时将东方的留白、写意、"轻描淡写"用线条体现出来。但受到当时工厂工艺与制作周期的限制，并没有制作出来。

随后第二版的方案设计开始了，为了让产品呈现出一种硬朗坚挺的气质，选用了深灰橡木与黄铜。木的温和、金的犀利形成了一种设计上的对比。在保持原有概念不变的前提下，材质、工艺换成了现有工厂可实施的形式。纤细的材质变成了彻头彻尾的木制，导致实物太过常规，没有体现设计要点。器物的气质也随之而变，整体显得很"将就"。

2019年3月我带着《提·合》参加了东莞家具展，卢老师作为评委嘉宾将这件作品挑选入围。但当他看到实物的时候感到很失望，实物和效果图之间有如此的差距……4月的某一天我看到"卢志荣设计工作营"招募的消息，便连夜投递资料，之后顺利地成为工作营的一员。而《提·合》也成为我在工作营期间要改进的作品。卢老师针对我的问题进行了指导。删繁就简，去除多余的语言，使作品的每一个部件关系逻辑更清晰，不多不少，恰到好处。比如调整了盒子的内外分割和转折，把四条腿变成了两条腿。人在将提盒放回角几的时候，总想让提手刻意对齐下面的腿部，这样四条腿中有两条腿就没有向上的延伸，戛然而止。变成两条腿后，视觉上更加连贯、完整，也消除了心理上的不便，但并不影响其稳固性。

工作营之后我开始了第三版的打样，打样是一个产品从抽象的设计概念制作成实物的过程。希望这一次可以避免之前的问题。为什么方案被改来改去，最后还是得不到好的呈现？我开始在设计师和制造商对接的每个环节上仔细核查：

图纸阶段

很多时候，制造商会对设计图纸的可落地性不强产生犹豫。设计师画的设计图一般比较注重产品的概念与美观，只是一个简单的概念表达，缺乏一些细节的内容。但是生产图纸是用来加工的，必须更具体、精确，可以把生产图看作设计图的深化。制造商需要的图纸是这种更详尽的生产图，根据制图标准严格绘制，并且有生产加工的细节要求。现在的分工比较细化，工厂一般有相应的放样师，他们可以把工艺图纸细化到一定程度。设计师在坚持设计的前提下，也会听取工艺师的意见，做相应微调。在图纸确保准确性的前提下再进行下一步。图纸的规范，保证了后期加工时可以随时和工人沟通，找出问题所在。

打板阶段

在生产图确定后，就进入打板阶段。打印1:1生产图纸与3D打印等比缩放模型，有助于校对最后的形态。图纸、模型拿到工厂之后，用胶合板与废弃的边角木料、布料搭建一个初模。这样直观地看到了产品的组装零件，同时也可以检查使用功能与尺度的合理性。

实物阶段

这是最棘手、沟通人数最多的阶段。俗语说"求上得中，求中得下"，目标要定高一点，尤其是第一件样品。和结构师沟通的时候一定不能退让，不能妥协。否则这里改一点那里改一点，最后就面目全非了。在与工人沟通时，语言一定要具象再具象、精确再精确，让设计师的语言尽量向工程师的语言靠拢。

不同的家具有不同的打样环节，结构部分有相应的结构师来负责，还有木质打样、软体打样、色板打样、金属打样等等。一般来说，好的工厂的专业打样工作室会有明确的分工，也有部分打样师一个人就可以熟练地完成好几种工艺。我把提盒的组装部件拆分开来，分别进行加工处理。

001
胶合板打样

002
最终实物照片

实木框架是最好加工的部位。在木头的切角部位有一个15mm的斜切角，师傅在后期打磨的时候把15mm的切角磨成了10mm的弧形。原本是想呈现棱角分明、挺拔有力的造型，却被削磨得模棱两可，不圆不方。我与打磨师傅反复强调，转折之处要硬朗、明显，但又不能太锋利。

工艺比较困难的是铜盒的处理，需要好几轮的测试才能达到理想效果。与金工师傅沟通的时候，我强调提手的地方要轻薄到3～5mm。金属表面进行抛光打磨后，做好的金属提盒就被拿至扣工车间开始进行扣皮。在提盒圆柱方向皮革与提手皮革交接处的收口问题比较大。为了减小收口难度，我们取消了侧面的圆角细节，反过来重新开模制作了铜盒部位。组装的时候，由于不是一个人从头到尾制作完成，木工、金工与扣工分别由不同的人完成，难免会导致差之毫厘、谬以千里。经过开料、细作、组装、打磨、油漆、扣皮等工序后，第三版的《提·合》得以完成。

当我拿着这件比较满意的打样去上海参展时，卢老师在第一时间就发现提合上面的金属敲得不直。在感慨卢老师敏锐观察力的同时，也遗憾自己的监督还是不够严谨。设计师从一个创意到打样，再到批量生产，都需要亲历目睹。尤其出第一个样品时，设计师最好能全程紧密跟进每一个零件步骤，谨慎、严格地把错误降到最低，才能保证创意接近完美落地。这里面还包括很多隐性的因素，比如日本常提到的"职人精神"。只有当人心手合一的时候，器物才是有灵魂的。

在这期间我也发现了设计师与制造商之间纠结的关系。尤其是像我们这些提供设计服务的设计公司，要为家具企业提供研发设计，同时配合他们自己的工厂实现方案。

设计者更多地从设计的角度出发，让设计更纯粹、完美地体现最初的理想。让产品在第一时间具有差异化的市场竞争力。好的产品设计师还兼具艺术家的气质，他们对审美的要求一般比普通大众超前几年。会用开拓、探索、研究的心态做产品设计，新材料、新工艺、新结构、新形态等等，都对设计师具有极大的吸引力。挑战自己的过去，也挑战先辈的作品。在追求产品极致的同时难免会忽略工艺、造价、供应链、市场接受度等实际问题。

而制造商对材料与工艺有一种本能的直觉，一般不愿意做深度的工艺尝试，比较保守，怕承担风险，遇到一点难度就会修改设计师的方案。他们考虑更多的是材料是否易取、工艺是否简便、是否可以批量化生产、是否节省人工成本等。既能很快地实现产品，又能达到产品利润的最大化，这是制造商对产品的解读。

这也源自双方不同的认知。如果以时间为坐标，标定过去、现在和未来，那么制造商代表过去和当下。他们往往急于求成，只看到眼前的利益，而不求未来方向的拓展。设计师则是未来，他们引领市场的风向，但是需要制造商的配合来实现这种引导。

当工厂面临设计师的介入，多少会有些不信任，认为设计师是外协人员。在这种情况下，最好是多去拜访家具厂的管理人员，与他们多沟通，建立起良好的信任关系，也提高他们对设计研发的重视。其次要经常待在车间保持与师傅的交流。在打样过程中，很多材料、工艺要反复调整，各工序随时准备插单配合。各方面的投入成本是难以用打样费来评估的，所以企业在打样后更希望得到后续的订单和直接的收入。当工厂和设计公司之间逐渐建立起这种信任关系，便可达到双赢的效果。这或许才是长远的眼光，否则工厂就会渐渐地放弃合作。

设计师与制造商之间的密切配合，关系到产品的最终效果。在产品的实物没有完完全全地呈现时，都还只是半成品。之前的方案出现失败，就是由于自己跑工厂的时间不够多。在最后一次打样中，我用一个月的时间住在工厂附近。随时掌控加工的进度和状况，但这个过程并不轻松。设计师和制造商存在物理距离上的隔阂，尤其是很多工厂都搬迁到了偏远的地区，以降低生产、用工、环保等方面的成本。这也让沟通合作变成了一种挑战。但设计师还是应该尽量离开办公桌，深入现场，增加对后端制造资源的理解和整合，沟通对接每一个细节，来提升后续设计方案的落地性。

当优秀的设计师遇到优秀的制造者，好的设计方案才有更多完美实现的可能性，从而在设计中传递美好生活方式带来的灵感，解决日常的问题。卢老师的作品让我们相信，设计自有它的语言，这种语言自有它的气场。设计是真诚地表达理解和尊重，把爱带给全世界。

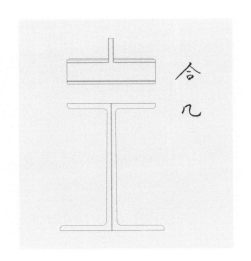

克服逃避

郭璐璐 ｜ 曲径和风

将移步换景、以小见大、借景的造园法则运用在产品设计上。
在屏风正面，仅可看到纵向的线条均匀排列。
当移动到侧方某一定点时，月亮门、太湖石的图案随即显现。

材料　枫木、亚克力
尺寸　2660mm×300mm×2260mm（长×宽×高）

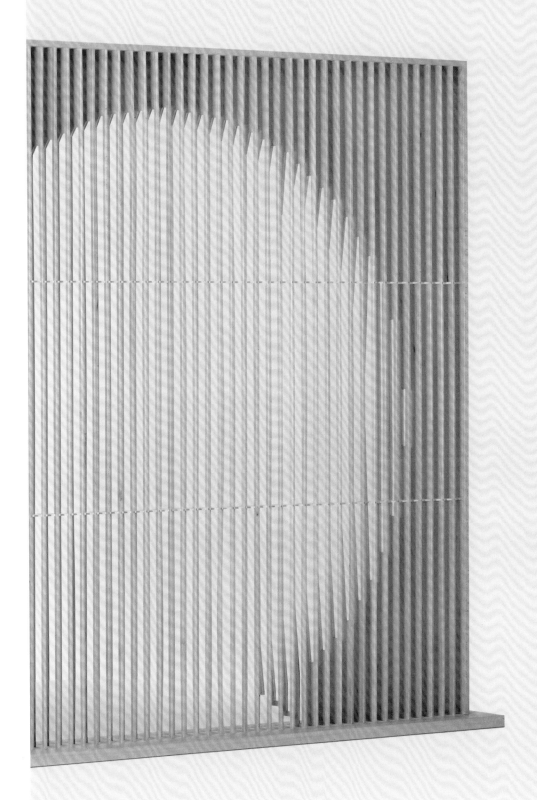

有时，感受到曙光，不想停歇。

有时，久久坐在工作桌前，脑子和身体一样憋胀，望着图纸，无所适从。

在"卢志荣设计工作营"中，我的题目是重做、改进大四的毕业设计《曲径和风》。

毕业设计的主题是"园林"。

朱良志先生有一书《曲苑风荷——中国艺术论十讲》，听香、看舞、曲径、微花、枯树、空山、冷月、和风、慧剑、扁舟，阐述中国传统艺术。

作品的名字取自书中两讲的标题："曲径"与"和风"。

毕业的同年有幸到访朱良志先生北京大学内的工作室。第二次去时，带着四年级这本满是笔记的《曲苑风荷》，请先生给予签名，欣喜无溢于言表。

热爱当下，可以认真做事是一种幸福。

整洁的环境会让人想要认真做事。

工作桌上各式工具齐整地摆列，时而拿起模型小样，思索是否有新的可能。

方案不知如何继续，将每张草图折叠为 A4 大小，整齐摞在一起，用自己喜欢的夹子夹住，置于先前用同样方式整理的草图之上。脑袋休息片刻，拿起，似是在翻阅未完成装订的书籍小样。

大脑需要休息，长久的高负荷，它也会罢工。

儿时的生活很有趣，热爱周遭，不会觉得疲劳。

红枣桂圆枸杞葡萄玫瑰水。

茶水滴在图纸的一角，之后翻看，似是附加了些许故事，有了厚度。

园林重曲线，看中优美的运动中使景物暂时出现空白，犹如发箭时回拉，一放，手松箭发，一片空白中映出盎然生机。

去颐和园测量园子里月亮门的尺寸。

我提取了月亮门的三维轮廓线，将 50 片扁木依据所构图形进行各不相同的镂空，等距排列。

当人在作品的前方时，接收到的是一组纵向的线条，运动到侧方一点时，隐约的月亮门轮廓随即显现，移步换景，游者步步移，景色步步改。

形成的月亮门的造型拥有收纳四时之景的作用。

光阴虚度令人焦躁。

有机会就会重新归纳调整各部分数值，2019 年 11 月再进行调整时，拿出上一年的图纸，上一次归纳是上一年的 11 月。

图纸上标注日期，是个好习惯。

二十几岁就做二十几岁的事。

我好像有了变化。

完成这件作品后，一直在思考如何延伸，不想局限于固有的形式。图形，材料，结构，功能，造型……多方面进行尝试，有些许结果，但总觉得它还可以有更大的可能。

很开心这次可以带着它来到工作营。

介绍完这件作品，老师说："你使用了亚克力，却把它隐藏起来。"

有些惊讶，又有些懵，不理解老师为什么说，把亚克力隐藏起来是一种错觉。

每件作品都是带有遗憾完成的。有时，我忘记了，起初，我也不想添加它。

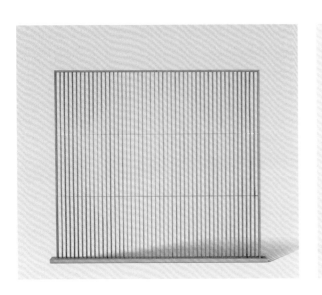

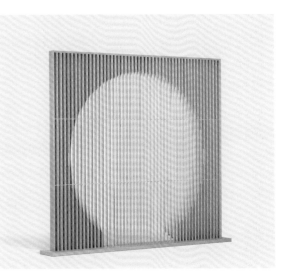

001
正面实物图

002
月侧面实物图

003
石侧面实物图

50 片长 2m 多的扁木单独存在会造成不同程度的弯曲，会影响其中所构造图案的成像。不得已在不破坏整体画面情况下，使用了横向的两组亚克力作为辅助结构与扁木连接，一定程度上起到了减小木材的形变量的作用。

最初只是把扁木与亚克力对应的接触位置切割凹口简单进行黏合。之后开发了新的方式，在亚克力的横切面上定点居中钻取同等深度的螺丝孔，相应扁木的位置钻取同样直径的螺丝孔，一根螺丝穿过，连接两种材质，横与纵有了结构。

眼睛可以看到透明，不要掩耳盗铃。

亚克力此时此种状态的存在，追溯其根本原因——扁木形变。

加入这个集体，感受到了伙伴。

原本是厚 10mm 的扁木，为何不能更换为更薄的木皮呢？普通木皮较薄、脆，有一种厚 2mm 的木皮。

采用一种拉伸的方式固定木皮两端，减小它们的形变量。

下方固定重物，重物的质量，可产生对木皮向下的作用力。是另一种向下拉伸的方式。

后发现木皮作为一个生命体具有多个方向上的力，只拉伸两个方向，其他方向还是会产生不同程度的弯曲。

不要抵抗自然。

需要坐在工作台前做事的时候不要吃得太饱，坐着吃力，又难免会犯困。有事需要外出，奔波可以分散些对胃的注意力，即使肚子已经咕咕叫了，也可以不吃食物，偶尔地让胃放空，一如偶尔地让大脑放空。

使用金属丝连接各单体。金属丝与木皮的接触点以硅胶零件进行连接。金属丝穿过硅胶零件的中心，两个物体之间会形成摩擦力。木皮镂空 5mm 直径的圆孔，硅胶零件外侧有一环 1mm 的凹槽，卡入圆孔。

做方案要有整块的时间。

混沌时的纠结为清醒时提供素材。

想构造一个空间，以几何来表现。

2019 年 10 月，停下一段时日后，翻看图纸，其中有一勾画的线描立方体，或许它可以是两个面……之前只是思考如何在单独的平面上构造出一个空间，为什么不可以使用两个平面呢？或者三个，甚至更多呢？多一个平面，由二维转到三维，层次随即丰富。像是发现了新大陆般兴奋，脑袋不停地运转，笔唰唰地停不下来……

CAD 中，设定相对确切的数值、角度、比例，后用 3D 立体构造，循环往复。时而感觉是在做理工科的几何应用。

有时一段时间没有操作软件，有些生疏了，不记得快捷键所对应的具体字母。大脑发出指令，反射弧到达手指后，手指随即到达键盘快捷键相应区域。大量地使用，使操作成为一种"本能"……

打印出刚刚完成的图纸，线条根据空间前后关系有着不同的粗细，产生了节奏。

新的突破，总是会带有惊喜后的纠结，在一种矛盾中前行。

人被肯定，会有一种坚实的力量去前行。

不想一出现问题就直接找老师求救，老师的确会给予建议、启发，可总觉得这样会失去自己的独立思考，作品会有提升，可自己有提升吗？人总要学会独自长大，即使慢点……

长年在外，因为 2020 年的这场疫情得以在家里吃饭，居然没有想念外面的吃食，喜欢纯净的食材、简单的烹饪做出的佳肴。使用高中画速写剩余的纸张来绘制草图，0.38 的深蓝色碳素笔游走在用来挂住铅笔屑的肌理上。

电脑前段时间被浇了一整杯蜂蜜水，坏的有些彻底，刚刚修好。现在用时总想着让水杯尽可能地远些。

文字是创作里的一部分。

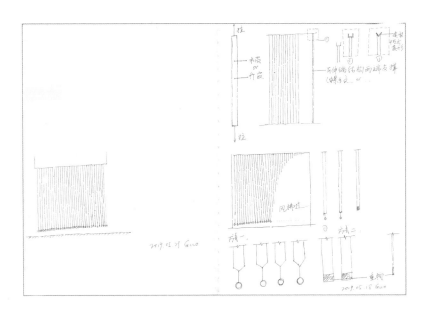

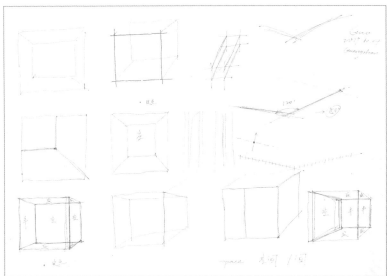

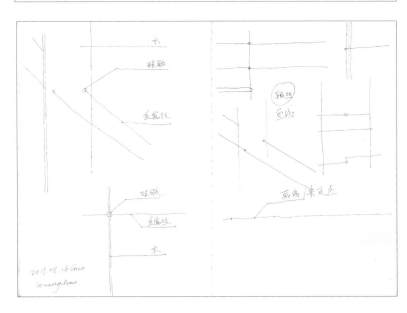

克服犹豫

李佳芮 | 让世界更好的一件作品

一体两式的马扎，
展现了动态开合过程的两种静止状态。
试图通过实体变化来展示时间的流动性。

材料　北美榉木
尺寸　350mm×450mm×650mm（长×宽×高）
　　　　650mm×350mm×450mm（长×宽×高）

2019 年的春末夏初，杭州，通常来说我不应在那。一个应届生理应忙着本科毕业，忙着实习工作，忙着结束，忙着开始。而我也未曾料想，2020 年春初与 2021 年夏初，我能把当时的情绪拿出来反复咀嚼与回味。

机缘与机会

2019 年的春末夏初，我通过网络看到一条关于中国美术学院将举办"卢志荣设计工作营"的招募信息。对于在北方生活学习了近 22 年的我来说无疑是件新鲜事。我十分喜爱的艺术家林风眠先生是中国美术学院的初任校长，这样的机缘让我有种时空交集的错位感，而我十分尊重的中国设计师杨明洁先生，他将以导师的身份出席工作营的活动。这让我狂喜万分，能有机会亲耳聆听杨明洁先生的演讲。

我立刻查看了相关报名信息，叹了口气，自己不符合其中的任意一项条件。我只是个本科的小喽啰，而工作营要招收的是研究生及以上的人和在职的产品设计师、室内设计师、建筑设计师。尽管如此，我还是秉承着对"人"的歆慕，投递了自己的 3 项作品。

它们分别是 2018 年为米兰三年展在天津美术馆特展设计的文化衫；2019 毕业设计时复刻的 30 把设计史上的名椅，及对其背后的设计分析；还有一件城市家具，是在 2016 年设计出的引导市民进行垃圾分类的垃圾箱。

递交信息后，我心已飘到杭州。

局外人

直到踏上南下的旅程，我恍恍惚惚又羞愧万分。一边无知地被选中，一边无畏地迫切想要与设计大师对话。

时间如期而至，人们如约而至。卢老师给每位学员一个题目，以期在工作营中深入。因为卢老师涉猎多个领域，从建筑到艺术，所以每个题目都别有趣味。我的题目是"The work to make the world a better place"（后简称"一件作品"）。这让我十分纳闷，因为我递交的 3 件作品也没有一件是这个名字。而看着大部分同学的题目都和自己提交的作品有关系，此时我感觉自己好像一个局外人被孤立出来。

工作营正式开始，紧凑的安排使得我暂时忘却了这个烦恼。与此同时，我发现自己不仅是同学们中的小幺，由于匮乏设计的实践经验，而常常不能真正地从落地生产的角度理解卢老师的指点。甚至在同学们的汇报中，我无法辨别什么是好的设计，坏的设计，难的设计，巧的设计。

常常，我又会有种游离在边缘的感觉。

第一天是何人可先生的演讲，卢老师走到我身边，宏大的气场甚至有点逼仄。然而卢老师和蔼地笑着说道："能否理解？不要处在压力之下……"这让我的心情疏朗许多，卢老师也似乎从一位遥不可及设计大师变成了触手可及的师长，他在乎每一个学生的感受。

第二天是杨明洁先生的演讲，提问时间，卢老师绕了一圈特意把话筒递给我，让我第一个提问，"杨老师我就是冲您才来工作营的！我的问题是……"这话当众脱口而出时，整个会议室哄堂大笑，我才明白卢老师君子成人之美的用意——他让年轻的后生们拥有一个张口讲话的机会，先不管对错与否，至少表达了真实。

在白天工作营高强度的输入阶段，午休的时间我独自呆在博物馆二楼，这种感觉是奇妙的——这些艺术、设计的创作的缔造者，不久前正和你对话，用声音的方式，而转眼我又在无声中与这些艺术、设计静默地交流。

刻蚀

工作营在 2019 年 5 月的杭州结束了，但实际上继续遍地开花：以 9 月上海展览的形式，以种子（设计师）随风播撒的形式。

想到临近的展览，而卢老师给我的题目又如此宽泛，泛到我甚至可以忘却它的范围，自我发挥，自我放飞。即便如此，我还是想要尽量把卢老师的真传体现出来，也体现出自己对设计学科的理解与探索，也要提前想到落地性……如此种种，我又陷入了之前的犹犹豫豫、畏缩不前。

就在我被无法推进的情绪日益吞噬的时候，卢老师希望尽可能多的学员能够去北京参加阶段性汇报。此时的我又纠结

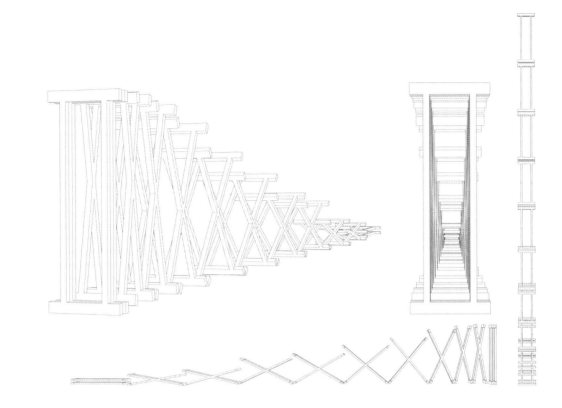

你一直在探索,
一直向你自己提出要求, 我在旁观看。

你可以一直这样的向前:
一个初步想法之后, 又一个初步想法。

没有结论的漂流多是一种逃避、
一种对自己没有信心的综合征,

放弃是最容易的决定,
如果你今次不放弃,
可能会帮你克服自己对设计的迟疑。

我还是希望你能够找到一种方式参加展览,
不一定要实物打样……

谢谢你最终选择不放弃!

如果你觉得这小凳子是你最满意的,
就往前把它深化好。
重要的是不再把一个又一个的概念放弃。

希望你能够让自己经历设计的每一阶段,
体会从概念到落实整个过程。

祝一切顺利!

我给你的挑战不容易:
要求你不改变初衷、
不随便放弃方案、
不被设计恐吓……

为你感到开心, 看到你一步一步地把这些
大多是心理上的障碍一一克服。

继续努力,
周末上海见!

了。自己连个像样的想法都没有，怎能与准备充分的同学为伍？

翻来覆去，思前想后，我还是以局外人的身份去观摩聆听吧。

看到同学们的深化成果，我感到自己与真正的设计师之间的巨大分别。我们一起参观了卢老师设计的样板间，与在中国美术学院博物馆二层的展览不同，这次的家具器物全都可以摸一摸，用一用。它们依然展现着陈列的美，并加之以实用价值。

这是卢老师亲自操刀的一间套房，从硬装到软装，从整体到局部，我也从浑然一体中领悟到一丝丝"整体艺术"的奥义。

当我从北京回到天津后，就是毕业典礼的时间节点了。这意味着，我再也不是学生了。虽然有了一丝"整体状态"的设计方向，但依然毫无头绪。我做了一个艰难的决定，重新南下，回到最初，赴约完成"一件作品"。

在遭遇过往挣扎想要放弃时，卢老师退后一步，建议我不管以何种方式都可以参加展览。挣扎了许久，某一天晚上辗转反侧，眼神不经意间落到了墙角，看到那个直立着的马扎。夜色迷离再加上本身就恍恍惚惚，眼里似乎看到它开合的不同状态。

马扎源自于东汉时期胡人的坐具，由于他们是游牧民族，常常需要走动，所以不管是建筑亦或家具都是便携的。而马扎，正是那时的坐具。与此同时，马扎也改变了人们从跪坐到垂足坐的坐姿习惯。这样的游牧民族让我想到了古希腊，它因临海而精于商业，绳线是航海的象征，而马扎的木构支架部分象征着土地和农业。这种不仅是柔软与坚硬，不同材质的组合，更像是西方与东方不同文化之间的结合。

"卢老师也是这样呢。"深更半夜我竟咯咯地笑起来。

神经不再紧绷的放松状态下，我突然想到：为什么不可以重新设计马扎呢？让它重现一种类似于拓扑学动态的、流动的、整体的变化。

在经过推敲之后，我得出了大致的思路：把矮小的马扎比例拉长，体量变大，但本身富有辨识度的交叉结构及连接处的榫卯结构保持不变。同时可以根据开合角度的不同，形成若干形态的马扎，犹如一朵渐渐绽放的花。

但想到最终需要打样出来，所以敲定了"一种结构，两种姿态"的方案。高马扎的座面较小，适合成年人垂足坐。矮马扎座面较宽，适合两三个小朋友一起坐。这两个马扎流变起来，构成一个整体作品。

我回到木工房，准备和师傅一起把马扎打样出来。光是确定尺寸，我就感到了打样的不易。要承认想法仅仅是第一步，万物皆有尺度，比例关系是抽象的表达。木工师傅的锯子却要精确的数字。设计的生产只能有一说一，没有似是而非。

我不得不承认语言是离意识最近的地方，造物却远得多。

在木材的选择上，木工师傅听闻要展览，建议我选择偏高级的黑胡桃木。卢老师曾教导过我们要尊重木材，不为了夸张而夸张。于是我回答："这两把马扎的定位是普通人，不是展览。我们还是选择经济一点的木材吧。"

最终选择了榉木，相较于其他的材料，如塑料、金属，木材加工造型的自由度很小，既要考虑纹理的走向，又要考虑干缩湿涨，由此衍生出连接位置的榫卯结构。正是这种戴着镣铐的舞蹈，被限制下的自由，不完美的完美，才是木材迷人的地方。

在打样"一件作品"时，我常常觉得不是刨削木头，而是刻蚀自己。

否定之后

随着上海和广西的展览顺利举办，"围炉重造"也告一段落，回望这一段旅程，并辅以文字重现时，会发觉卢老师对自己的启思并未中止，克服犹豫像是他提出的具体建议，更多的思索在于为什么会犹豫、在犹豫什么上。

一层一层的知与行，不同时间再回首、再再回首，使得这个题目常看常新、愈看愈新了。

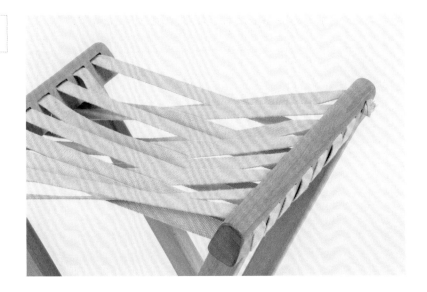

003
实物细节

004
广西展览实物

对仪式感的解读

李世兴 ｜ 坐屏·镜

一面大圆镜通过砝码配重的构造方式得以竖直站立，
当拽动圆镜时，带动地上的砝码滚轴移位。
可作为分隔空间的屏风。

材料　不锈钢、铝合金、镜面、木材
尺寸　1710mm×550mm×1650mm（长×宽×高）
　　　　597mm×195mm×576mm（长×宽×高）

我大迈着脚步，跨过门槛，愣了一下，我看到了我自己。在我眼前呈现着一个风尘仆仆而归的形象，有些疲惫。当再想极力看清面容之时，关于我的影像变得不那么真实，慢慢地模糊，消失。面前忽然传来了玻璃破碎的声音，噼里啪啦，镜面发生龟裂，小块的碎片开始一一掉落，在最先掉落的黑暗空洞里，我隐约看到了一朵花。心中的微光在名为现实的地方，安静地伫立，我产生了疑虑。

我们都有过这样的想象经验，在碎片化的梦境之中，想要去寻求事物的意义，想要看清自己内心的真正所需。越是想极力去看清，却越是模糊。

对意义的寻求存在于每个人的心中。有时，甚至极力地去寻求某种伪意义，以求得一定程度上的心安。在商家、销售的推波助澜之下，商品、器物也都被裹上了极有分量的含义，被漂亮地包装着。被赋予意象的器物，似乎更容易勾起消费大众的认同感，有着明亮的寓意、噱头，更能促进商品销售数值的增长。商业有商业的利益性，设计也有设计的商业性——我们周遭的物品正在被寓意化。概念化的叙述方式已经成为设计提案中的惯常手法，被默认的常规。甚至被追捧为思维逻辑的圣经，誉之为提案取胜的秘籍。在频繁而快节奏的提案中，我们忘却了驻足凝望。心中的小花在黑暗狭小的空间里，依然散发着柔和的微光。在仪式感的探寻过程中，是来自对意义的发问。

在借用"仪仗扇"这一意象的时候，我停留在对"仪式感"极为表层的发问：当我们在看到一个具有既定含义的物件时，就会产生一定的仪式感。

"仪仗扇"作为王孙贵族乃至皇帝出行、坐席必备之物，自战国时期伊始，一直发展到宋、明、清。如此具有悠久历史之物包含着其自身的象征性，这是否能代表着一定的"仪式感"？器物本身是否可以代表着一定的含义？而这一含义又是否能加深大众对它的印象，从而获得仪式感上的认知？

卢志荣："在这个项目上会看到大多年轻设计师都会有的一种矛盾挣扎、一种抗争。你想表达一种心里的感受，把这些想法物化出来，你又想让人们把材料给模糊化，这是一种挣扎……由于地心重力的原因，它必须有一个支撑，但你又想把这个支撑给隐形化，这是比较困难的。底盘石头材料

的使用是不太具有说服力的，而且上面还出现了植物，并不符合植物生长的状态。需要支撑，你只是给了支撑，配重不够，你就给放一块石头，现在的解决方案显得直白，过于简单了。"

修改意见

1. 抛弃扇子的表象，深入到项目方案的内核本质；2. 回归到圆的知识、原理；3. 从物理、力学、重力原则等方面思考；4. 把没有理由的、不合理的结构、材料去掉。

我正处于概念式的叙述方式之中，挣扎于概念的叠加以及对产品寓意的过度追求。在概念化的叙述方式当中，有着这样的矛盾——设计师想要传达内容的意愿，有时跟受众所感知到的内容是相悖的。在概念输出跟接收之间，存在着不同个体感官经验的错位。设计师一味地想要传达更多，从而忽视了形式承载内容的有限性，形式装载不下满腔的内容。过多的概念叠加反而给项目带来了混乱。

随着交流跟思考的加深，我进行了反思。当我们在脑海里回顾关于仪仗、排场这些宏大场面的时候，首先映照出来的是一系列动态带来的视觉感受，当我们看到相关的图画，所联想、追溯的也是进行之中的情景，而非表面的静帧图画。令我们印象深刻的是场面进行的过程而非静止的场景。"仪仗扇"所带给我们的象征意义在于它参与在这个仪仗、排场的活动过程。

于是，我再次发问：仪式感存在于我们所参与的行为活动以及活动中所带来的感官体验，而并非具体到某个器物本身——也就是我们所参与动态过程的记忆。仪式感并非具体到某个器物本身。器物之所以给我们带来关于仪式感的印象，是由于它参与到了相关的行为过程之中，而后能够激起我们对于行为过程中的记忆碎片。

卢志荣："你试图去寻找到一个概念，而这个概念对于你的项目推进并没有真正带来帮助。"

我抛弃了极力寻找概念意义的思考模式，不再去想"铜镜"和"仪仗扇"，不再拘谨于产品造型的寓意性，不再追求于这件产品像什么，有什么含义。回归到几何，回归到圆。

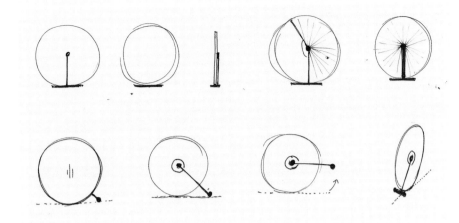

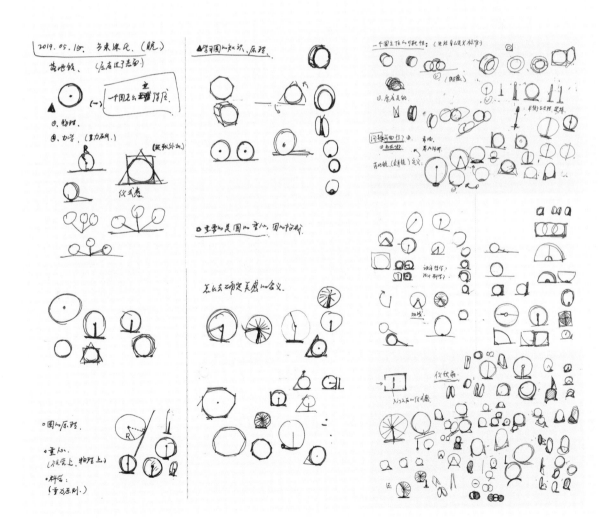

修改意见

1. 大圆的中心跟它所受到的垂直向下的重力在力学原理上是成立的；2. 大圆滚轮与中轴的关系；3. 接地的滚轮并不需要抬起来，地上的轴轮滚动，整体就可以实现联动前行；4. 大圆跟地面接触怎么不发出声音；5. 考虑镜子的收边；6. 地上的滚轴类似砝码，它的重量要去匹配大圆的重量。

回归到"一个圆如何立得住"的本质思考。圆，一中同长也。圆心，半径，直径，轴对称，正无限多边形。圆与直线，圆与圆。相切，外离，外切，相交，内切，内含……

我们从圆的构造原理上看到，它是具有转动、滚动属性的，那么是否可以保持着圆的原始属性？圆柱体是圆的拉伸构造，把一个圆柱体放倒，正对截面是一个正圆，足够的厚度使其不会往后倾倒，放倒的圆柱拥有轴向滚动的状态；球体是圆的旋转构造，因其质量均匀分布，可以任意点静止地接触地平面，添加作用力可以使其四周滚动……固定的底台、支架的支撑、足够的配重用以产生牵制力等可能性的假想。在原理与技术之间思索，徘徊。去设想杠杆作为连接与平衡的可能，去设想保留着圆是会滚动的这一属性的可能。

修改意见

1. 前后两面材料的关联性；2. 转动结构无须做得太复杂；3. 难以实现稳定性，是不是尺度太大的原因，全身镜整体可能也无需1800mm；4. 稳定性注意的几个问题：a. 大圆重心是否可能降低，通过填充外框等方式；b. 地上横轴的自重力，摩擦力要增加及平衡；c. 地上平衡的横轴宽度跟夹角到底是多少为最合适，需要进一步去实验验证；d. 连接杠杆的长度是长还是短才较为合适，要进一步去实验验证；我们想要赋予物件以象征意义，问题在于要去辨别设计中概念的伪意义。我们应当摒弃陈旧的、过时的感官体验，让新的叙述方式、感官体验成为可能。我们必须得摒弃更多，使项目回到洁净，力求方案呈现的状态是最简单而直白的。

或许并不需要给设计赋予太多所谓的"意象"和"意义"，而是回归到最初的设计感动。当我们屏蔽外界的干扰，重新去审视让自我快乐的因素之时，对于人、对于设计，其最本质的是什么？我们在走了许多弯路之后，或许才会产生对"自我"发出的疑问。于是，我再一次发问：仪式感是在于对"自我"的凝视中所带来的感官体验。

此刻，我置身于林璎女士设计的越战纪念碑面前。面对着抛光的镜面大理石，镜面里映照出来真实的世界，我的影像则映照在了阵亡士兵的名单之上，我跟士兵产生了隔空的对话，镜中的世界与真实世界产生了交融。于是，我发出了沉思：事物之间似乎可以通过一定的媒介而产生关联，比如说镜面材质。在偌大的空间里，作为隔断的产品使用大面积的镜面材质，人站在不同的角度上去观看，它则会映照着不同区域的影像。完成影像的映射时，媒介便成了内容，映照出来的图像就是内容本身，是另一种真实。媒介本身就是一面活着的空间。

或许有一天，我们在镜子前见到了忙碌着的疲惫身影，麻木而模式化之时，会进入一种反思：对于"我"的意义、价值在哪里，在忙碌的追逐之中最能让我心安的是什么？给自己泡一杯好茶？读一本心仪许久的书？观赏精心挑选插放在瓶子里的花？

感性的背后是极其理性的一面在支撑着。精简了的边框，简单化了的配重支撑，一个圆悄然地伫立在空间之中，此刻似乎精巧而又妙不可言。最终仪式退去了——来自对"自我"的解答。

当它作为一个入门隔断屏风时，放置在门口入户处，放置在大厅里。借助媒介，我们想要去窥探空间的维度，窥探心理的断层。圆形的镜面作为一个窗口，镜中的我，还有那映照在上面，不远处我精心挑选的花，在另一个维度里必然产生着联系。我们极度地想要去赋予事物以意义和价值，来填充现实忙碌着的空洞。空间里的仪式感，事件中的仪式感，在对于"自我"的凝视中带来了新的感官体验。

你问我仪式感是什么？最简单的，我想透过镜子去看那一朵花，在真实而又虚幻之中。若我跟它产生了联系，它跟我就是有共鸣的，它自有意义。

无意义的意义是人生中难得几回的闲暇时光，就算是镜花水月，亦能滋养心灵，不必刻意，让思想自然生长。在破碎的镜中世界里，从那忙碌现实的裂缝中传出来了花的芬芳。

陌上花已开，卿可缓缓归矣。

 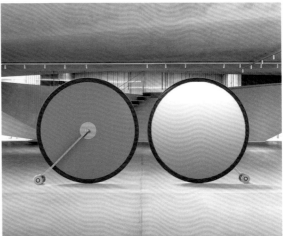

003
初始设计
方案

004
第二版方案
效果图

005
第五版
方案效果图

世界上最后一块木头

李兴宇 | 世界上最后一块木头

由"世界上最后一块木头"激发的一系列思考,
对身边的每一种材料和资源,都抱以"最后一块"的心态去发掘它的可能性,
珍惜每一次设计的机会,让所造之物更具意义。

材料 白橡木
尺寸 1200mm×300mm×30mm(长×宽×高)

最初卢老师给我的题目是《不炫耀木作的家具器物》，然而我并没有去认真解题，第一次汇报时还带着目的性地希望老师给原作品一些工艺技术升级的指导。但老师并没有回答我的疑虑。

卢志荣：这是主要为你而设的挑战，你的木作工艺很成熟，木头都跟着你的意向，一直没有反抗。为什么要有那么多曲线？这样使用木头是不是太奢侈？木头一定要这样子用吗？

老师的当头一棒，让我愣住了。我开始回到自己的题目"不炫耀木作"，想当然地简化原设计，匆匆忙忙画了几个草图又找老师汇报去了。老师看着我的草图，知道我还是没理解他题目的本意。

卢志荣：原来的设计已很好了，为何要去改变它？

这时卢老师看到旁边的一个小台面。

卢志荣：假如给你一块木头，世界上最后一块木头，就是限定的样子，没有其他任何辅助材料，你如何做设计？你要怎么办？

这就是《世界上最后一块木头》的由来。

当时听到这个题目时，我瞬间明白了老师的良苦用心。他是希望我从另一个维度去重新思考设计，跳出原来一贯的思维方式，还能怎么做？用"最后一块木头"的思考方式，让我去重新审视自己。"最后一块木头"，如此珍贵的一块材料，你还敢轻易浪费吗？还敢轻易设计吗？当时我第一反应就是什么也不做，因为它太珍贵，珍贵到我不敢对它做任何改变……但什么都不做显然不是老师的初衷，那我又能做什么呢？在疑惑与彷徨时，我又有些小兴奋，期待自己的挑战，期待自己的作品……

那个小台面的尺寸规格大致是 1200mm×300mm×30mm，既然这是一次思考设计的命题作业，不妨让限制可以严苛一些。所以在后来的设计中，一直想在这限制中完成作品。

卢志荣：有内涵的设计是一种珍惜。

最早的思考：是不是可以只做最小的改变，让它有一些使用功能。"坐"是人们最常见的生活习惯，用这块木头做一个最简单的坐具是最初的想法。为了让它更像一个坐具，我在木头表面两端适中的位置做了两处水波纹雕刻，引导坐的位置，也希望有坐具的仪式感与装饰性。

既然是坐具，就需要考虑使用者的舒适性、体验感和日常生活的便利性，低矮的坐具使用并不方便。所以脚就成了必须解决的问题，如何给坐具加上脚呢？脚从哪里来？脚的高度应当是多高？我开始做各种变化与尝试，在高度比较合适的方案中，有一种是脚斜着从木块中取出，这样的脚组装上去会更稳。

卢志荣：这样斜切出来，忽略了木材的特性，脚有可能更易断裂。

最后的方案是从木头直向切割出 4 只高 300mm 的脚。如果凳子长度只有 1200mm，可以坐两个人，并能坐得比较舒服闲逸，最浪漫的画面就是一对在相爱期间约定永不分离的情侣，以及在这之上发生的平凡、懵懂且甜蜜的爱情故事。故取名叫《情侣凳》。

卢志荣：能否更具意义？这最后一块木头还可以怎样？

《情侣凳》是工作营最后两天的快速设计方案，我需要再思考其他的可能性，如何做出一些更具价值感的器物？可不可以用堆积法？可不可以衍变组合？可不可以有老师的雕塑感？是否可以通过切割组合完成一件像雕塑的器物？在工作营结束后的第二天晚上，我试着画了一个草图，并计算堆积的层数和方块的数量。在画草图的过程中发现方案是可以实现的，切割出来的方块按一种规律堆积很像一幢塔形的建筑。后来命名为《博爱塔》。

6 月 18 日北京汇报：
卢志荣：思考切割的意义，为什么要这么切割？

"世界上最后一块木头"被我切割成了 303 块，这样一个塔形的建筑物有什么意义？它是不是应当有一些社会责任和担当？如何附于它更好的意义？全世界有 7 大洲、4 大洋、233 个国家和地区，工作营有 13 位导师、46 位同学，加起

001
原作品生产实景

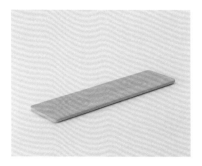

002
最早坐具方案

003
情侣凳方案

004
博爱塔拆解部件

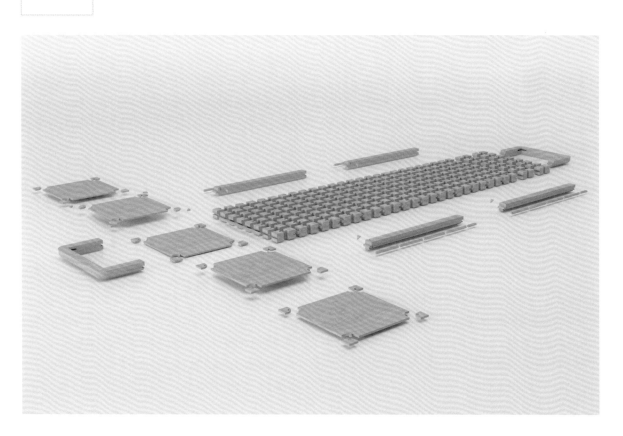

正好是 303。塔由 303 块小木头有机组成，结构环环相扣，象征全人类的团结、融合与博爱。因为是最后一块木头，我很希望能把它分享给全世界，让全世界的人来共同参与保存和见证这最后一块木头。我还在每块小木头上标记了地域名、人名，并附上一段说明。

8 月 13 日视频汇报：
卢志荣：为什么要切割得这么碎？为什么要在小块上刻上相关名称？读你写的故事是可以感受到的，但博爱塔的形状没有象征着这种博爱的大气。形状上可否更普世、更明简、更让大家一目了然？

8 月 16 日微信：
卢志荣：你一定不要放弃，大家都很期待你的方案，或者不要切得太碎，用五件至十件至二十件来表达和象征故事……可否在这几天内，再提供一个更有说服力的方案？谢谢你！

8 月 20 日微信：
卢志荣：大家都很期待，你这块最后的木头现在怎样切？

李兴宇：老师我想了两个方案，正在做图中。有点担心不成熟，一直没有找到很有意义很有代表性的切割方式，感觉有一道坎就差一点点，没有突破过去。

卢志荣：或者看看 LEGO 积木的玩法……你现在这块最后的木头是什么木？木色木纹是怎样的？这些选择和决定可能打开更有意义的可能性，亦使你的思绪和设计很大的空间……

李兴宇：最开始我准备用欧枫，后来考虑到不好切，现在准备用橡木，也曾考虑过用紫光檀。这是我今天做完的三个方案，其中只有两个做了效果图。

卢志荣：谢谢你的三个方案。大家都很想听你解释一下每一方案的概念，为什么是这样的结果？想传达的意义在哪里？

李兴宇：《窗》我希望它能带给大家思考、想象的空间，能打开各自那扇窗。万事万物也皆有窗，细心思考，或能开启。如能开启哪怕微不足道的一点小窗，终将成为成功的起点、未来的希望。《窗》的想象空间很大，延伸及象征意义

也很深远。《种子》想延续上一个《博爱塔》的想法。假如这是最后一块木头，那么它存在的意义将非常重要，它是世界的。所以我想把它分享给世界上 233 个国家和地区。让全世界共同参与保存这世界上仅剩下来的物种，希望它有种子效应，也希望全世界人们能团结起来应对危机。当 233 块木块汇集在一起时，可以组成一幢人字建筑。带给大家希望，也让大家懂得珍惜，希望好的东西能够传承……另一个是一个草案，有几个节点没理透，想通过点线面，表达桥的感觉。

卢志荣：现有窗的概念，可能多是象征一些个人（如果不是一时）的看法，没有显著的价值。桥的概念可以再深入探讨，因为它是世界共通的：连接、跨越、共处…… 比之前的博爱塔好地多了！人字的概念只有懂中文的人才明白，要离开民族、地区性的局限。还有想提出一点线索，简单的几何和木本身，世人都能一目了然 ... 不要切得太碎，把宝贵的木头变成锯尘！再打开一下思维，如果这是世界最后的一块木头，或者你可以更朴实地问自己，你会用什么方法去保存它、珍惜它…… 总之，所有同学和我都一直希望可以帮到你。祝好运……

李兴宇：我尝试了一些新的组合方式，蕴含桥的概念。桥面可高可低，结合组合性及趣味性。木头切割还是跟《种子》方案是一样的，这样的方式也有 LEGO 的概念在里面。

卢志荣：你想我们怎样去看，它是一比一的实物，还是一个比例的模型？它是一体固定的，还是它的组件可以分开？如果是可以分开，意义何在？

李兴宇：1∶1 的实物，组件分开的意思是可以做多种可能的组合，现在弧有点大，把下面的横梁换一个组件，变长一些，就可以让桥面变缓一些。我再想想。

卢志荣：细心地、慢慢地想一下。怎样切这块最后的木头，怎样把小组件形成桥，多少组件，意义何在？先想清楚，才设计，才切割……如果可以，请你暂时放下在工厂的所有工作，找个可以静下来的时间，这样或者可以帮到你。这一阵子，我感觉你一直急着，不停地做出连你自己都不能说服的想法……

005
方案《窗》

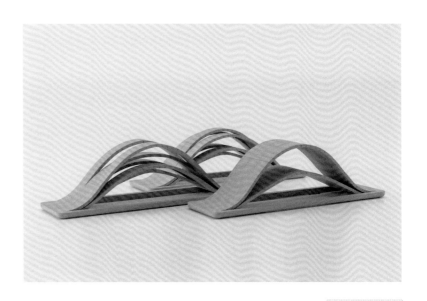

006
《桥》再组合方案

8 月 28 日微信：

李兴宇：最后这几天一直在想，但心越来越静不下来，越临近展会越乱，想的几个方案还不如之前。下不了刀，为了切而切，肯定不对，似乎失去方向。我越来越下不了刀了，我找不到切割意义在哪？我现在越来越有一种冲动，用透明树脂把它包裹起来，做成一块木头化石，把它保存起来。

卢志荣：这样意思不大，跟放弃差不多，但我一定鼓励你，支持你往前……

李兴宇：老师，我现在主要思考的是切割的意义，切多或者切少，没有多大区别。尽可能少切，但有最佳的意义。

卢志荣：我们的周围，所遇到的多是一种局限，思想和设计就是怎样把它打开，演绎成为你的哲学，你的世界。你未来到工作营之前，你已是自己，工作营的作用就是让你再问问，你所满足的会持久吗？会有令你更向往、更值得探索的方向，让你感到你所做所创的更具意义？从你提供的多个方案中，哪一个你觉得可以带给你一种之前没有过的满足，那个就是你的方案。我们还有好几天，大家都很期待和支持你。

李兴宇：相对之前这么多方案，我自己还是比较喜欢这个方案。虽然有点碎，但它的组合方式有比较多的可能性。后续的方案我没有停止思考。

不同的思考，不同的维度，产生不同的意义。终其一生，我们将会交出不同的答卷。设计者一生的挑战，救赎自己，突破自己，成就自己。

从内心出发，作为设计者本身，每一件设计的作品，都是有思想有灵魂的，哪怕是从最初的坐具，到后面的种种设计。最有意思的是，我们还可以思考更多的可能性，只是这样了吗？还可以怎样？最后的 9 月上海展，参展作品为：一块没有做任何切割的板、《情侣凳》、《种子》。

2019 年 10 月广西设计周：
卢志荣：静下心想更多种可能性，爱、包容、珍惜、满足，合理利用，材尽其用……

李兴宇：我会思考更多可能性，约定，未来可期……最好能每年为此课题做一个设计方案。

卢志荣：大家深深地读到你的挣扎，或许今天你找到面对"世界上最后一块木头"的意义，更希望明天到来的时候，这块木头还不断带来启示……

如果这是最后一块木头？如果这是最后的……我们会怎么做？该如何思考？如何应对？我们的心境又会怎样？如果我们能时刻保持以"最后一块木头"的思维和心境去做设计，面对所有的事物，找到所做一切的意义，这就是设计者一生需要的挑战。

007
《种子》方案

008
《种子》中国（上海）
家博会实际展出方案

009
《种子》广西设计周
展出方案

人与精神的对话

刘鑫 ｜ 一人教堂 Church Mini

从手机的产品后缀 Mini、Pro、Plus、Max 所指的功能和大小获得灵感，
仅容纳一人的教堂让思考集中于地、墙、顶、门、窗，
五个最基本的建筑元素，通体白色，
让光与空间的互动启发精神体验。

材料　石膏板、乳胶漆
尺寸　4000mm×2400mm×4400mm（长×宽×高）

《一人教堂》在上海展会和广西设计周如期展览。这个设计方案被一个甲方客户看到了，他希望在大理山顶俯瞰洱海的位置建一座真实、永久的建筑。甲方的想法是要把教堂打造成一个网红建筑，让建筑变得更有商业价值。卢老师建议我不要浪费这个独特的机会，把之前的不假思索放在新的环境是没有说服力的，并且问我可以把十字架拿走吗？如果没有十字架，你怎么给这个空间灵魂？而我更加疑惑，如果拿走十字架，用什么来代替呢？卢老师告诉我用空间、光、材料和我的功力，并且说道，现在我只能靠这个十字架，没有了我会觉得空洞，希望我能用功力克服这个符号。此时脑中的场景是我要变成一个武林侠客，不出招就能打败敌人，并且只能用我的内力。

但甲方的回复是国内网红更关注造型和形式。我感觉被夹在了中间，相信国内的设计同行很多都会有这种感受。我把情况向卢老师汇报了一下，他给我的答复是：有一些比网红更值得追求的……

我仿佛明白了什么，似乎又不是很确定真的要这么做。就像在参加工作营的时候，老师给我的题目是《HUI 酒店》的改造方案，但我真的不清楚如何去改进已经做好的方案。

在工作营报到的那天晚上，卢老师和我们谈了很多，如何找到自己，如何去爱，如何去设计。从事设计多年，我一直在为甲方服务，做各种商业项目，内心深处有很多抗拒、挣扎、苦闷。我的家族一直有宗教信仰，给当地盖过很多教堂。这一次，我也想为上帝设计，这将是我一生的荣耀。于是我提出想换一个题目，卢老师给我的回答是"From your heart"。

目标的改变唤起了行动的热情，我开始思考一切关乎教堂的问题。在工作营期间我和老师、同学探讨最多的就是人类哲学的问题，这些精神层面的问题看似跟设计无关，却是揭开设计的关键。

教会一词由希腊文"Ecclesia"而来，是指古代希腊城邦的一种公开集会，各种思想、智慧在这里交融、传播，文明在这里得到延续。聚集群居是人类的一种自然属性，也是生存的基本需求。我们在这种集聚下，感受到了精神凝聚的力量。和宇宙的浩渺相比，我们似乎是微不足道的存在。我们

渴望得到承认，渴望得到回应，渴望跨越我们所向往的和现实之间的鸿沟，而聚集、交流让我们找到了彼此之间的精神联结。

因此在我看来，教堂这种建筑是提供帮助的标志，需要诉说的时候提供固定的地点，迷失方向的时候帮我们找到精神支撑。它最重要的功能就是提供人与精神世界对话的场所。我们在这里讨论的是哲学的 3 个终极问题：你是谁？你从哪里来？要到哪里去？每个人都有不同的使命，在追问中我们或许更能认清自己的精神所需。

当这些问题渐渐清晰的时候，我也明确了方向——在家乡建造一座我理想中的教堂。结营汇报的时候，我设计了一座发光的、白色尖顶的教堂建筑，它矗立在黎明前的雪地中，仿佛和自然，和银白色的天地浑然一体。如果这个建筑矗立在你面前，你是否真的愿意来这里述说内心世界？

但是这个大教堂在上海展会是不可能实现的。我和老师、同学们讨论了展会中的设计可能性，最终我从苹果手机的产品型号获得灵感，将教堂分为 Church Mini、Church Pro、Church Plus、Church Max，大家一致认为 Church Mini 的概念会更有意思。

"一人教堂"的概念就诞生了。设计师思维开始引导着我前进的方向，如何在这样一个空间塑造对话的氛围？如何让孤独的个体通往精神的圣殿？圣经中的文字给了我一些思路，那些曾经读过的圣经在脑中闪现，我也可以用象征空间、自然的元素来设计一人教堂，让它的造型、结构、材料成为联结人与精神的物质纽带。全方位地调动使用者的视觉、听觉和触觉的体验，多感官的联动形成通感，引发情绪和心灵的共鸣。

卢老师经常问我，建筑的颜色、尺寸、结构如何更有说服力？能否给出一个合理的解释？

经过研究、思考我给出了理论支撑依据：
1. 白色代表基督教，圣洁、宁静，作为神圣的颜色最适合不过了。另外我的家乡有许多白色尖顶的教堂，这跟我童年的记忆是深深相关的。

2. 圣经中第一次记载关于教堂的比例: 所罗门殿（957BC）建筑正是黄金分割的比例。所以一人教堂的设计尺寸比例目前看是符合数学公式的，但是我还在寻找关于美的比例、尺度更多的可能性。

3. 教堂的门的设计形式是怎样的？与精神对话的大门是对我们所有人敞开的，问题是你想不想真的进去。整个空间只保留小部分敞开，人们从一个又窄又矮的小门进入。这种姿势并不舒服，让人从心里产生谦卑的敬意，也预示着努力进窄门，人与精神的对话不是那么容易实现的。人类要想进步就必须了解自己的不足，才能产生改变，这意味着放弃几千年来形成的自负和自我意志，意味着消灭自己的一部分、经历一种死亡，才能获得重生。当你再次从这个入口走出的时候，或许已经发生了变化。

4. 十字架的形式。最开始的方案考虑了很多，木质的、金属的、石材的，最后发现都没有说服力。圣经中多次出现光的经文，如果上帝就是光，如何在相对封闭的空间里感受到光？耶稣为世人的罪被钉死在十字架上，因此在信仰的世界里，十字架就代表着爱与救赎，这是象征人们内心诉求的精神符号，当这样一个代表信仰的符号被放置在教堂空间，人们在此的行为活动仿佛有了指向。在基督教堂中，十字架一般都位于空间的尽头和相对重要的位置。因此，在一人教堂，我把十字架的位置定在了窄门正对面的墙壁上。空间的暗沉凸显了墙面上 50mm 十字架形状的缝隙，人们一进入便可以感受到它特殊的存在，感受到光、感受到爱和救赎。从而感受到自己与上帝同在，由此进入敞开心扉的对话。

而对于没有信仰的人来说，他们或许对十字架的存在并不敏感，那只是一个普通的符号，就像一个空间必然要有光线的射入。人们会自然地捕捉到这缕投射进来的光，当光线直射在人们的身上，由光明、黑暗交织的轮廓也让人们感受到此刻的自己。这仅有的光，让处在狭窄空间的人与外界的自然获得了联结，感受到了希望的存在，未来的存在。视觉也会随光线的移动逐渐在昏暗中关闭，从而开启回归内心的精神之旅。

实际上各种符号都是人类主观加上去的，十字架的存在与否，对于不同人有不同的意义。人们还可以借由空间的其他构成方式，反观自己，达到与精神对话的目的。

5. 实践与测试。我用一个 1：5 的模型专门去室外测量教堂的光线。通过建筑空间本身把光线塑造出形态。当一束光穿越十字架的缝隙，在教堂地面投射出一条垂直于建筑的光影，随着太阳高度角的变化，这一刹那短暂而易逝，并不是永恒的时间与空间的关系。

我们现在所处的时代，已经不再需要过多的装饰来描绘，人们的审美观念逐渐由繁化简。因此我去掉了赘余，让目光凝聚于真正的设计。只用自然的光线、阴影，让材质本身的色彩、质感成为装饰。或许这极简的设计，可以带来极丰富的精神共鸣。

年幼的我曾梦想改变世界，长大后才发现，我可以改变的只有自己。对于每个参与"卢志荣设计工作营"的学员来说，最大的收获或许就是发现自己、改变自己，最终成就自己。

关于人和精神的对话，你是否找到了内心的答案？如果无法回到过去，改变故事的开头，我们可以从现在开始，尝试改变故事的结尾。

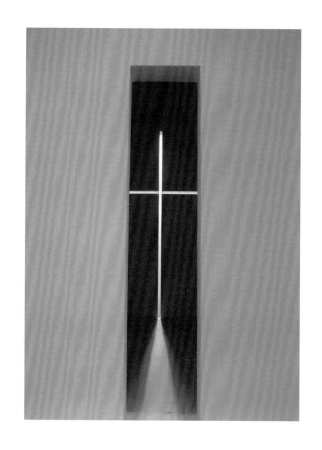

004
一人教堂十字架

003
一人教堂
设计门的思考

005
广西设计周
一人教堂设计

心要细　空间才广宽

刘兴虎｜50 平方米展示卢志荣 5 件作品

以卢志荣的"文房新语"五件作品形成观者的动线，
亚克力和切面形造空间氛围，
让观众在"作品"中欣赏作品，激发对作品的不同解读。

材料　亚克力、深灰色磨砂玻璃
尺寸　7200mm×7200mm（长×宽）

在工作营的开端，卢老师针对我的专业给了我"利用50平方米展示五件卢志荣设计作品"的设计题目，起初我完全没有头绪，感觉脑海一片空白。因此在前几轮的汇报中我都没有去提报。

之后我抱着了解展品的目的去参观卢老师的无华展。每天在里面反反复复地逛，逐渐有了两个构思方向，第一，一个50m²的空间氛围应该是怎样的？第二，应该选择哪五件展品？带着这样的思考方向，我在无华展里去观察与发现。

马尔科·比拉吉曾说：卢志荣的作品是一种容器。容器不仅限于盛载的功能；更重要的是它还有接纳、迎接、保存某种东西的作用；也就是说，它的作用是"积极的"。容器不是一个定量空间、有着既定的规范；它们的内部怀有"无垠"的维度，其尺寸不能用普通的标准来定义。里面所涵纳的就像格林兄弟瓶里的灵魂——比容器本身大得多。这段话给了我灵感，为什么是"容器"。从哪些方面可以表达卢老师的作品是"容器"呢？然后我发现了一件很小的物件——"花瓶"，这个作品和其他的花瓶不一样。普通的花瓶，是直接将花插在里面。然而这个花器，则是给花做了两个小枕头，让花躺在上面。我突然觉觉这个作品正是寻找良久的"容器"，首先它有承载的功能，其次它承载的花似乎代表着一种意义与感受。我以此为核心，找到了五件相关的作品。接下来，那50m²的展示空间又该怎么做呢？

如果深入到卢志荣老师的设计世界，便可知所谓美妙的空间体验应该就是在不易察觉的牵引下，沉浸其中，心绪犹如明镜，映射出单纯的轮廓与深刻的美好。抱着这样的初衷，我发现了卢老师的一个系列作品——"文房新语"。这个作品使我联想到了城市。而城市也是一种容器。刚好契合了我的主题，于是我将本次空间的主题命名为"容器"并以此来构筑空间氛围。

在第一版方案中，我以文房新语系列中发掘出的9个盒子元素为主体，构筑了一个7.2m×7.2m、划分为九宫格的50m²展览空间，每一个格子对应文房新语系列中的一件作品。通过平面将其变成立体、三维，然后生成空间。再将这个五个作品藏在空间里面，让观众去寻找。

卢老师认为这个空间的整体感觉太局限了，希望我放开思维，深入考虑一下，如何才能延伸出更多的可能。

第二版方案中，为了更专注于展品，我将9个元素减少到了5个，同时展出的5件作品也调整成了卢老师的雕塑作品，因为雕塑在形体上更加深奥，对于大众来说理解内核可能比较难，我希望能够更好地为公众解读卢老师的雕塑，激发观者对于设计的更多理解。

整体造型为一个半封闭的空间，地面做成镂空，使灯光从顶上直接照射到地面，显示这5个展品元素的图案投影。同时也像是可以把时间和空间拉开，带人们远离现实，返璞归真，掉进想象的无限空间中。

在整体设计元素上，提炼了沙漠、大海、森林和冰川四大元素，在空间中借助多媒体数字艺术构筑成沉浸式的画面，然后再将5件展品置于其中。这些仅仅是咫尺之外的最代表自然情境的地方，真实地展现着与展品呼应的"自然是最高境界的奢华"。犹如是一处蕴含着不同自然元素的空间氛围，在小尺度空间中再现朴实之情景。

针对第二轮方案，卢老师给予了我一定的赞同，但同时希望我在整体空间表达上做得更纯粹一点，让我完全按照自己的想法来走，而不要被他的作品限制太多。同时，也让我好好地去深入理解他的作品。

001
第一版方案

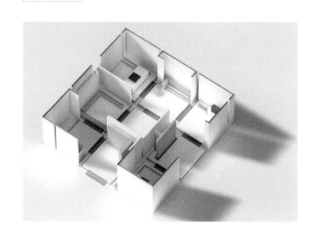

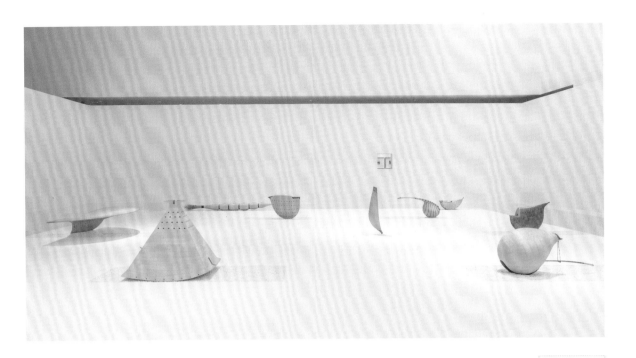

002
五个展品元素

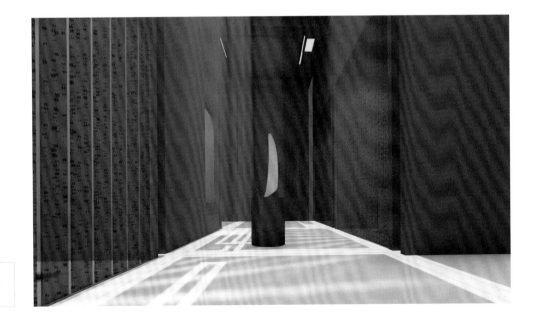

003
第二版方案

"光之于空间，犹如空气之于生命"，空间是建筑实质，而"光"是空间的灵魂，在这个展区中，我将卢老师的作品寓意为光，承载着希望与爱，同样和容器这一概念互相呼应。第三轮方案就纯粹一点，提炼出了几大自然的元素，在一个统一的语境与空间中，做成一个整体的展览，将5个照片置于中间，通过环形的通道串联整个展区，在光感氛围上，同样也是使光自然地投射到地面，然后在对应的元素旁边树立一面展墙，把作品实物放在墙面进行展示。

在卢老师的引导与对前几轮方案的思考下，最终我调整了第四轮方案的思路。首先在空间的前部设置了一条缝隙，然后整个空间用表面做成切面钻石感的亚克板，灯光、阳光照进去之后，让里面形成梦幻、浪漫的空间，以氛围搭配展品给观众一种感动。整个展区并没有割裂的感觉，而是自成一体，搭配展品在一起毫无违和感。

谈及设计，其实很难精准地描述，只有将自己想表达的思想与情绪传递出来。1000个人心中有1000个哈姆雷特，每个人对卢老师的作品理解是不一样的。在我的理解中，卢老师的作品是缤纷的、充满感情的。因此我的这个展示空间就应该是一个浪漫而空灵的氛围。光影的变幻给空间增加了几分朦胧的美感及想象的空间，让身处其中的人们仿佛走进了山水画中。

至此我完成了这个设计作品，回头才发现，我从未刻意要做出任何一种风格感觉的设计，而只是单纯地在考虑什么才是最适合的表达方式。平和而温暖的卢老师，始终为我们指出生机勃勃的未来方向。他用独到的设计语言与感悟诠释着对于世界、对于生命、对于设计的认知与看法。

工作营已经结束很久，虽然只有短短一周的相处，但对我的影响持续了很久，也潜移默化地改变了我的一些观念。作为一个早已步入社会的设计从业者，我在这里收获了很多关心和帮助。与同学们碰撞出了很多精彩的火花，虽然有些不够成熟，但都提出了一种可能性。工作营对于我的意义在于探索、尝试、学习、创新、提出可能性，并总结出一种解决问题的方式。

004
第三版方案

都是细节

牛犇 ｜ 随心·系列家具

将树枝的自然分叉形式转化为桌子的支撑，
稳定性决定桌面的大小、比例，
同时在形制上体现传统家具的人文精神，这一随心之举，
衍生出了条案、高条案、玄关架一系列家具。

材料 北美黑胡桃
尺寸 1200mm×350mm×750mm（长×宽×高）
　　　1200mm×320mm×1200mm（长×宽×高）
　　　1000mm×360mm×1800mm（长×宽×高）

设计之外

作为一名工业设计师，我在购买产品时总是很挑剔。2016年我正需要买家具，而标准就是宁缺毋滥。每次去北京居然之家的国际馆都有很多产品打动我，然而昂贵的价格让我望而却步。当我走近国产品牌的卖场时，造型、工艺、质感、陈列都与进口家具馆形成鲜明的对比。后来我开始关注到一些国内的原创家具设计品牌，这些品牌以设计为主导，定位中高端人群。第一眼看还是很符合自己的定位。但在线下体验之后，总觉得有些造型和细节不够喜欢。

虽然不能拥有国外的家具，但我可以学习和研究。于是，选购家具就变成了市场调研和产品研究，而我的启蒙老师就是每位销售人员。在这个过程中，我也对国外家具的设计理念、趋势、生产、销售有了进一步的认识。渐渐地我萌生了自己设计家具的想法。

理念

我从最基本的桌子入手，结合家里的使用需求，设计了餐桌、书桌、条桌、条凳、衣架、圆凳、休闲椅等。其中最满意的一件是《人形·条桌》，因为是最后设计的几件家具，也积累了一些设计经验，条桌从功能、造型比例、制作工艺上也更完善，是所有这些家具中创新度较高的一件，也是自己最满意的一件。

在设计思想上，我很喜欢路易吉·克拉尼的仿生主义和生态设计理念。树木的生长是一种大自然的智慧，如果设计能顺应自然的规律，让树木的生长与材料本身的属性更吻合，这将是一种新的思路。通常的桌子是四条腿的四点支撑，但条案是小型家具，不会占用过多空间，也不需要过多的承重，所以想做一些创新、简化的设计。依旧保留四点的支撑，参照树枝分叉的规律，把四条腿简化成两条Y字形的腿，这样既不影响稳固性，也构成了这一系列作品的最主要特征。

明式家具是中国古典家具的代表，其中有很多智慧和文化是值得我们现代人学习、借鉴并延续、创新的。马未都曾说过，西方家具是以人为本，舒适性、功能性为主的。而中国家具是精神第一，一切以"站如松，坐如钟"为主导，是功能让位于精神的家具。其中宫廷、官作家具就体现了中国人

的等级、尊严和仪式的文化观念。在《人形·条桌》中我也试图传达这些传统的精神价值。

2017年，我第一次见到了卢老师，那是在达美中心的展览上，他亲自为一批批的参观者导览。记得走到一件沙发附近的时候，卢老师带着大家停下了脚步：一件作品为什么会吸引你走过去详细的观摩？站在这么远的地方，我们能感受到哪些产品的特质？然后我们慢慢靠近这件沙发，卢老师开始讲解那些设计的细节以及背后的材料、工艺……

随心

一件作品本身固然很重要，但名字也能起到提纲挈领、画龙点睛的作用，这也代表着设计师对作品的诠释。在工作营报名之初，我总觉得《人形·条桌》的名称过于形式和简单，并没有表达出这件作品背后的意义。思来想去，我决定为这件作品起一个更有意义的名字。什么能代表这件家具？设计的意义在哪里？为什么要创新？设计的最终状态如何？这是一件为自己设计的家具、能够随心所欲的作品。

桌与案在等级和格调上是两种不同的家具，桌子有餐桌、八仙桌、炕桌，和饮食、休息等基本需求相关，是用在休闲环境中的。而案有龙书案、画案、翘头案，和文人书画、创作等精神文化需求相关，是用在正式的场合。所以桌与案相比，案更有文化和仪式感。而且按照中国的家具形制，桌面

OOI
玄关架局部图

002
条案第一版实物图

003
桌面细节图

004
桌面下部细节图

与桌腿宽度重合为桌，桌面宽于桌腿为案。所以最终我把作品名换成了《随心·条案》。

可能这就是一切缘分的开始，每一个决定都注定着未来的际遇。从没想到能够入选工作营，也许就是这"随心"的创作，让我有幸参与工作营和这之后的一切吧！

成长

在高密度、高强度、高压力的学习过程中，我的大脑始终处于高速运转和兴奋之中，除了一日三餐和每晚三四个小时的休息时间，我们不是在讨论别人的方案，就是在思考自己的设计。而卢老师也被我们追着、赶着，问着，他总是耐心、细致地解答，不厌其烦。

老师说他看得懂我们，一个懂字，是他多年亲临设计实践的体会，或许我们的每一个纠结、挣扎、不解、困惑，他都曾经历，才能这么精准地给我们对症的良方。但是否见效，就要靠每个人的感悟和思考了。

其实，我一直不知道怎么修改这件作品，似乎它已经是我此时家具设计功力的集大成了。当老师看到这件作品的实物时说到，"这比我想象中的大，这个造型很好，但是可以深入优化，延展成一个系列的家具。"于是我试着在这个造型的基础上，做改变，把分叉的腿部形态分开，调整桌面的高低、宽窄，从我热爱的明式家具入手，传递我想表达的人文精神。但直到工作营结束，我都没有设计出完整的方案，这也为后面推翻方案埋下了伏笔。

细节

分开的两条腿的形态失去了之前"条案的感觉",凭着设计的直觉,我重新思考新的方案。最了解自己内心感觉的永远是自己,我试着找回随心的状态,也回到条案本身继续深化。早在设计《人形·条桌》的同时,我还做了衣架和条凳,人形分叉的特征是一致的。我开始把这几件家具摆在一起,让它们之间的关系更紧密,看起来更像一个系列。保持每一件家具上的特征和设计语言,让它成为产品的 DNA。当时的条凳一直存在稳定性的问题,人坐在上面感觉会晃,比起摆放物品,它的结构更会加重使用者的担心。并且凳子比较矮小,没有气势。我尝试提升现有条案的高度,缩短、变窄,让它成为站立聊天、摆放陈设的高条案。这样三个高度不同、使用方式不同,但是又具有相似形态的家具,就构成了一个系列,我需要做的只是丰富它们的共性和个性。

我先从条案入手,把它深入完善,再延展到其他两件。大的比例关系和结构没有修改,只是在细小的部分作调整。最具识别度的就是劈叉的结构,但是老师认为目前劈叉部分的衔接处缺少交代,结束的比较草率,也存在不好打磨的问题。建议在两条腿的交接点处打穿,构成一个小的圆孔,让这个部分更加立体,也是画龙点睛的一笔。为了解决稳定性的问题,我将两条腿之间下面的横枨做了改变,将原来的圆形枨改成椭圆形,这样增大了和两条腿的衔接面积,也增加了稳固性。为了暗示使用者它可以盛放物品的功能,把桌面轮廓保留 10mm 的边,其余下凹 10mm,这样平整的桌面有了凹凸变化,减少了物品滑落的危险,增加了视觉上的安定感。同时为避免桌面变形,相应桌面下部同样上凹 10mm。

随后我把这些细节的调整沿用到高条案和衣架上。高条案的桌面变窄,让结构的支撑更加稳定。由于衣架在冬天悬挂厚重衣物后会影响美观,把衣架的功能重新设计成放在门口的玄关架,进而提升了家具的格调。原本衣架两侧的支撑结构是彼此平行、垂直于地面的,但是从某些角度看去就会产生扭曲感,于是把垂直于地面的夹角向内收缩了 1°,起到了视觉修正的作用。玄关架的高度是 1800mm,这么高的尺寸让它原本单薄的结构变得更不稳定。我将玄关架劈叉的结构尽量上提,增大分叉的角度,这样重心可以下移。分叉处的圆孔也比条案大一些。连接两条腿的横枨截面大小也根据

适合衣架的比例进行合理地设计,条案的桌面转化成一个小托盘的造型,嵌在横枨中间,可以随手放些钥匙、钱包。

一件好的作品离不开各个环节的衔接、配合、落地,这中间有数多细节需要把控。当所有的调整都变成 1:1 的图纸时,另一段的设计开始了。然而留给我们的时间非常紧迫,我也疏忽了这个环节的叮嘱。为了赶工,木工师傅只想尽快让作品成形,对于细节问题没有太多考虑。两个条案的桌面最好用一块完整的木料来展现,即便是用两块木料拼接,也要在下料前比对纹理,让纹理能够拼出自然的流畅感,同时在接缝处减少色差。我原本要保留黑胡桃木的本色,不需着色,让材料自然散发它的色泽变化和质感。

以物修心

家具能给人带来秩序感和节奏感,潜移默化地影响人的行为和心理。理想的家,每件家具都应有属于它自己的位置。玄关架放在入口处,它站立在那里,像一件艺术品,代表了一家人的精神理想和人生追求。在过道靠墙摆放高条案,可以放上相片或干花,零星点缀。书房或者客厅,这是家里一个很重要的位置,摆放着条案,它的高度更低,上面摆放着器物,旁边配一把休闲椅,亦可休息,也可简单工作。

不知不觉中,为家里设计了这么多件家具。每当看到它们,都会由衷地喜欢,远处看形态,近处看结构、看纹理,上前触摸实木的质感,总有种莫名的愉悦和成就感。一有时间就会思考,它们身上的优点和不足,还能有什么突破和创新,能否有更多的角度去再设计,能否摆脱地域文化的差异等等。它们提升了我的生活品质,也提升了我的设计能力。这种带有我的喜好、审美和设计的家具,就宛如为自己创作的艺术品一样。有内涵的设计多是默不作声,悄然地站在一旁,影响着使用者对功能、观感甚至心灵的感受,这样的一件家具能带来以物修心的体现。

这幅新版的玄关架手绘,是我对家具设计新的体会和尝试,也是我设计生命的新起点。

005
随心·系列家具

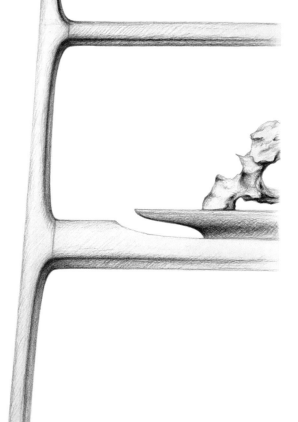

006
新版玄关架手绘图

让艺术说话

彭敬思 | 遐想空间

长方体空间一分为二，人可以走到其中进行观看。
内部空间用红色作为警示，用镜面进行反射，
多种不同材料的组合各有所指。

材料 乳胶漆、银镜、灯光
尺寸 5000mm×2000mm×2400mm（长×宽×高）

在创作《遐想空间》之初，我有很多种设想。比如，在空间中以抽象的形式为主来表达不同的时空，或者呈现给人们某种启发，比如对世界的警示。于是我想到了人类对生存环境的破坏，以及战争后的废墟，用一种哀悼的方式来提醒人们珍惜生命、保护地球家园。但初期方案始终有些碎片化，无法把形式融合得更合理并具备说服力，空间的形式表达不够完整，处于思维瓶颈的阶段。

在为期一周的工作营学习中，卢老师不断传授对设计、对艺术的理解和思考的方式："不用去定义某种形式，重要的是打开思维的方式；打破重组，把既定的模式打散、揉碎、再重组。"当我努力去理解和尝试打破常规的时候，便产生了新的想法。

由于现场空间的体积限定，我将最初 10m×10m 的场地面积缩小至 2m×5m，这给最初的想法又带来了很大难度。在空间的内容上不得不摒弃一些造型，而侧重于用装置艺术的方式来表达主题。在一个狭小的空间中，如何给人带来遐想的体验感？

既然说到艺术表达，那什么是艺术？

从广义上来讲，艺术是用形象来反映现实的，但比现实有典型性的社会意识形态。在很多人的定义里，认为艺术来源于思想，用不同的方式和手法去表达它，就是艺术。

艺术是我们在无意识流的状态下迸发的种种艺术灵感。在创作之初，我们并不能完全预见形成的结果，但它的形成却离不开意识。我们热爱艺术，却不知道艺术是如何产生的。也许关于艺术的奥秘，我可以从哲学中寻找一丝轨迹。

儿时的我们总会问各种问题。比如，地球以外是什么样的？宇宙里又是什么样的？未来世界会如何？我会如何？我为什么是我？我的生命终结后是什么状态？如果生命终究会结束，那我们来到这个世界上的意义是什么……

一直以来，我带着这些问题寻找着答案。后来，便对佛学产生了浓厚兴趣，开始对生命的意义有了自己的诠释——人活着是向死而生，如果人不能灿烂而有价值地活着，不能为这个世界做一点什么，那么活着就是一件痛苦且毫无意义的事。

所以，意义很重要。而我要用艺术传递的正是某种想要表达的意义，表达人与大自然的关系，表达人们对环境的思考、对未来的思考，从而引发人们对这种意义的思考，让某件事或某个人往更好的方向发展。反之，我会把它称为"伪"艺术。为了不让自己的创作成为"伪"艺术，我希望《遐想空间》这个命题能够给人类带来一些警示。

在这个过程中，从思考、概念方案，到最终落地，每一个环节卢老师都亲自过目，并提出调整修改的建议。最终呈现出了这件空间装置。

它是一个长方形的盒子，我在中间把它切开一分为二，于是成为了两个对称的空间。在两个空间内分别设有两个装置，它们既对立又融合。空间的内部用大面积红色涂料覆盖。在盒子的最深处，我用两面镜子作为背景，目的是让这个空间

001
装置效果图

002
空间结构图

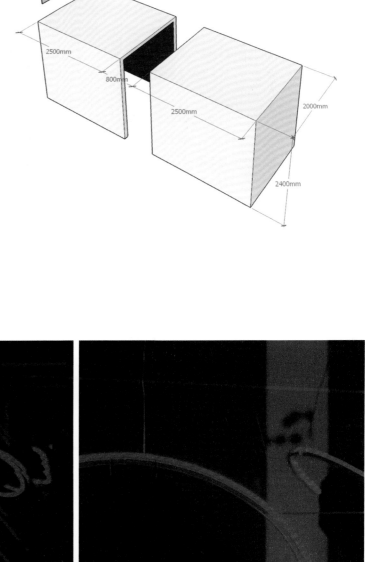

2500mm

800mm

2500mm

2000mm

2400mm

003
实景照片

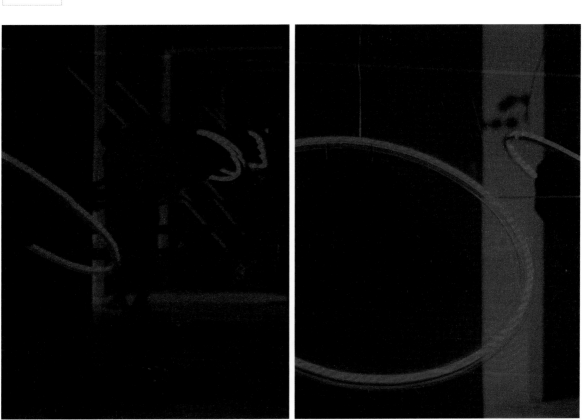

变大，且带给人视觉的延伸感和进入异次元的时空感。当两面镜子相对，我们站在中间时，能够看到镜子互相映射出彼此相同而不同的空间，越来越小，越来越远，没有尽头。它形成了一个无限空间的视觉体验。

在小空间内，装置元素的提取变得十分重要。在其中一个装置中：石头，是非常具有历史感和时间感的一种存在，它能够让人回想过去。水，流动的状态代表着此时、当下、现在。光，代表着希望，具有未来的意义。生命包含了过去、现在和未来。作为一个艺术装置，也是一个完整的生命体。

在寻找装置材料的过程中，我用黑色的洞石代替陨石，它厚重的色泽、粗糙的质感让人联想到古老的过去。用水波纹金属板代替湖泊、水源，它的反光质感有一种工业时代的现代感、科技感。用霓虹灯管作为神圣之光，微弱的亮光给红色的空间带来了醒目的焦点。

在未来的世界，陨石代表着不属于地球的物质，而环绕的霓虹光是未来的文明之光。当人们看到这个装置的一刹那，可能会联想到恒星或者宇宙，而地球上的山河湖海早已枯竭消失，取而代之的是人工湖泊。

另一个装置里，我用棉絮代替乌云，用霓虹灯代表云中闪电，用沙砾象征着失去水和充满战争硝烟的土地，用异型金属代表水滴。未来的世界里，天空和云朵是暗沉的，伴随着恶劣的天气，闪电雷鸣。回到地球，地面净是黑沙，没有草木，万物归尘，留下一处仅有的水源。环境破坏和污染导致水资源匮乏和土地破坏，以及不宜人类生存的气候条件。

打碎重组——当我把看起来毫不相关的材料，用一种新的形式组合在一起时，就发现了十分有趣并能给人带来多重想象的空间。

整个空间设计就像是把一个盒子劈成了两半，好比盘古开天辟地一样，如此才有了天和地。红色的内部空间是一种警示。尽头的镜子让这两个分开的空间形成了一种对话，它们是剥离的却又如此相似，你中有我，我中有你。

空间的意义在于当观看者走入这个空间时，不仅能看到无限延伸的"天地"，展开无尽地遐想，同时也能看到镜子中的自己。当我们站在这个红色空间中一眼望去，看到的是无限的未来，也能够观照自己，直抵人心。

2019年9月，澳大利亚袋鼠岛的山火整整燃烧了4个月。2020年初，疫情让世界多国遭受苦难。这些偶发性的灾难，是地球带给人类的警告——保护自然生态已经刻不容缓。

菩萨畏因，众生畏果。如果我们现在的美好生活要用透支未来而实现的话，人类该警醒了。否则，未来草木不生，雨露不淋。等到那时，地球还在，只有我们已成过去时。所以，请从当下这一刻起，力所能及地保护自然，珍惜生态吧。

我想，艺术的意义就在于此吧，直抵人心的震撼，才能够让人记忆深刻，才能引发人们思考。当我们在艺术的梦中畅游、对话，再回到现实，便可以不断地去完善它。

正如卢老师所说，爱是宇宙性的、没有东西方之分。设计是关于爱，周围的事物之所以被制造出来，是要给予我们关爱。我们做设计，就是为了在作品中折射出爱，并把爱分享给其他人，一个好的设计终归会回到爱这个点上。如果这件作品能激发起人们心中的爱，也许我所追求的艺术的意义就达到了。

见设计如见人，卢老师本人和他的作品一样的宁静、内敛、深刻，却充满力量。真正有底蕴的设计一定是越品越有味的。设计的实现离不开生活，设计的思考维度是个人对哲学的领悟高度。卢老师不仅给了我关于艺术的启发，也把做人的哲学用他的言传身教表达得淋漓尽致。

有人说"卢志荣设计工作营"是钢铁团，那我想卢老师一定是钢铁侠。能够持续每天到凌晨两点多，依旧精神饱满地为我们开导、释惑。老师的热情、同学们的激情，促使我们在每天睡不饱的状态下，依然能够回到住处继续深化设计主题直到天亮。

整个工作营的学习让我仿佛经历了思维的洗礼，就如同爬山登高的过程。很长一段时间的低头步履后，恍然抬头，发现自己已到山顶，望眼群山浮云，豁然自得。我想对于每位参加如此高强度学习的学员来说，设计之路从这一刻起，一定是一个重要的转折。

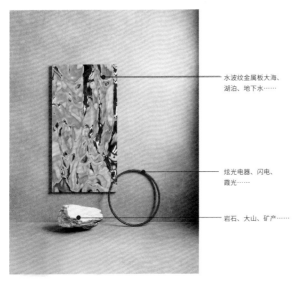

水波纹金属板大海、
湖泊、地下水……

炫光电器、闪电、
霞光……

岩石、大山、矿产……

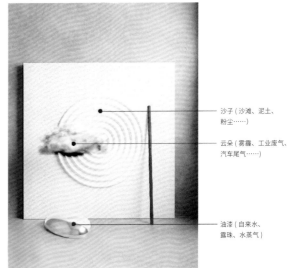

沙子 (沙滩、泥土、
粉尘……)

云朵 (雾霾、工业废气、
汽车尾气……)

油漆 (自来水、
露珠、水蒸气)

004
分析图

005
实景照片

飞机可以用石头打造吗?

彭钟 | 伴生文房

一套为现代人设计的文房书写套装,
包括狼毫毛笔、笔架、墨盒、纸镇、香插、印章和茶盘,
有铝和紫光檀木两个主要材质的版本。

材料 铝、黄铜、紫光檀木、狼毫笔尖
尺寸 260mm×180mm×40mm(长×宽×高)

信件，看似随机的笔触所开启的奇观。
久远褪色的墨迹，在此却超越了死。
时光的可见之谜，活着的空无，我们亦无不同！
而灵魂继续做梦，变得不同、偏离。
——摘自费尔南多·佩索阿《地图的辉煌，通往具体的想象的抽象之路》

很多时候我们的认知都在睡梦中，将白天碎片化的信息在脑中重组，呈现出一幕幕被我们称之为梦的幻象。这梦就像用石头打造飞机一样变得不同、偏离。更何况飞机本身就是一块质量巨大的石头，每立方米铝的重量几乎跟每立方米石头的重量一样，有时铝比某种石头更重，但它却能按照人类的意志在天空安全飞行。

当我们习惯了平常的一切，就会忘记质疑、忘记改变。人类的每一次进步都是在偏离常规中，通向更高的文明。我们可以发射火箭冲破地心引力的束缚，也可以潜入深海高压探索生命的繁盛。想象让我们剥离生死的边界，在抽象的梦境中描绘具象的世界。

设计赋予作品无限的想象，飞驰在无数提笔的瞬间。一次次修改、打磨，都像是在浪费时间中找寻内心的存在。这种存在越显著，就越需要专注。捕获灵感到来的一瞬，在苍茫大海中找寻最好的解答。这种从无到有的造物过程，更多的是一种内心的呈现。

"伴生文房"是由一支笔衍生出的现代文房书写套装。所谓"伴生"，也只是不虚度此生。在有限的时间里，专注地做一件事，用几净伴生的理念传达一物一生。透过一支笔的使用，感受生活细微变化。在书写的同时梳理内心，达到几净窗明的境界。人们进入伴生文房的内在世界，从而爱上书写的感觉。这或许只是我的小小幻想。一切在时空看来，也没有那么重要了。

一直以来，我都执著于用木头这种材质来做设计，这似乎已经成为我的默认选择，变成了我的设计习惯。在最初做这套文房的时候，也想当然地选择了光檀木和黄铜两种材质，黄铜和木质搭配起到点缀的作用。

工作营期间，"对这件作品改进并重新实践类似的作品"成为了我思考的内容。于是我想到了后者，重新做了一件"伴生"为主题的作品，让它以雕塑的形式呈现。这是一次重要的尝试，试图通过雕塑作品传达自己的内心世界，当然也这注定了会有很多新的挑战。当时在分享的时候，现场讨论很激烈，同学们提出了许多质疑，尤其是反对的声音很强烈。这也引发了我的自我质疑。虽然只是一个新挑战，但它让我在后面的课程回归了伴生文房的思考，尝试寻找不一样的可能性。

短短几天的学习，让我获得了新的思考方式，开始了对过去10年设计生涯的重新回顾。以前我无法理解什么是过去、现在、未来，在深入了解老师的作品后，发现设计也可以站在时间的维度来思考问题，这样或许可以打开很多设计的新方向。

铝，这种极富现代工艺美感的材质已经大量进入我们的日常。大到飞机、汽车，小到手机、餐具，熟悉得让我们忽略了它的存在。我是否可以顺势而为，也试试这种材质？用木材做书写工具我们容易理解接受，用铝就会被质疑，能不能用，会不会太重，写字滑不滑，等等。在北京的分享课上我提出了这个想法，老师很认可这种突破，也给了很多建议，让我在接下来深入了解材料和工艺前做了大量的工作计划。

OOI
紫光檀木和
铜材质的结合

OO2
倒退式笔帽
示意图

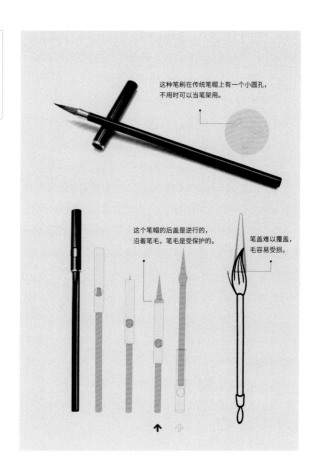

这种笔刷在传统笔帽上有一个小圆孔，
不用时可以当笔架用。

这个笔帽的后盖是逆行的，
沿着笔毛，笔毛是受保护的。

笔盖难以覆盖，
毛容易受损。

OO3
伴生文房效果图

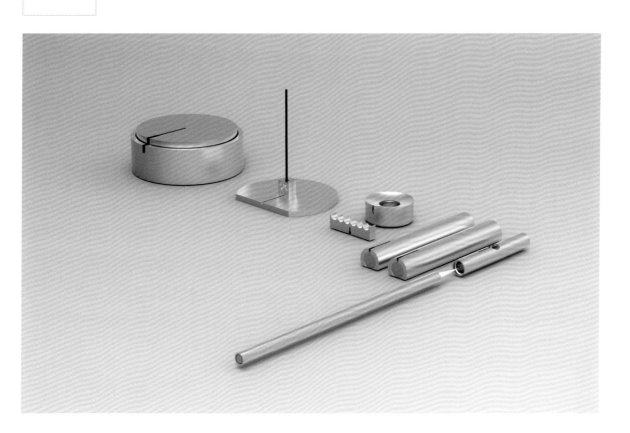

我用铝和铜做了一次材质搭配的尝试，用现代技术精准加工每个配件，最终组装成型。最大的困难在于对细节的把控，每个环节都要去协调、配合。整套文房约 20 个配件组合，复杂程度较高，每个部件都需要最严密的加工。前后反复对接工厂，将近几十次的磨合。这也是打磨一件产品最基本的付出，也是我在多年设计生涯里最深入的一次尝试。

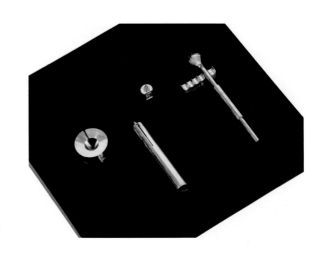

这种尝试也带来了新的认知和感受。文房象征着古代书法文化的精髓，是一种软文化的代表，怎能和硬朗的高科技扯上关系？但恰恰就是这种铝的工艺质感更符合当下人们的审美和生活需求，使用过程中的很多惊喜也都在意料之外。

铝制墨盒不吸墨，毛笔搭在墨盒上，墨如水滴流到了荷叶上，很灵动。铝的颜色反差也很强烈，这是木质没法实现的。毛笔拿在手上很凉爽，非常适合夏天的书写……当我转向这种诠释的语言，人们扩展了对材质的感知能力。触摸着金属材质的组合，它们的温度、重量、质地都让我们增强了对事实的感知，在材质的世界里，真实地存在。

整套设计包含狼毫毛笔、笔架、墨盒、纸镇、香插、印章、茶盘，在设计时贯了以了建筑思维，更多地考虑空间和功能的结合。收纳的同时犹如在一座迷宫中穿梭，有天井，有围城，有隧道，有墨香。墨盒的设计结合了古代建筑天井的意象，深处具有藏墨的功能。笔架造型如城墙，在托起笔身的同时起到防护作用。纸镇犹如隧道，里面藏有暗香。在镇纸的同时，点一束香静心。

我试着将每一个微妙的巧思藏进细节。笔帽上有一个小圆洞，不使用时可以当笔架。传统笔帽都是从笔毛的前端扣入，我则采用倒退式笔帽，让毛得到保护。之前在用木材质打样这个倒退结构时，要考虑笔盖与笔身间留有一定空间以解决木质笔杆微变形的问题。当换成铝材质后，就不需要考虑这个缝隙的问题，因为铝制笔杆不会变形。

在木质墨盒和铜件的连接处，有一个内置的卡扣。由于木材质上不能做内螺纹，只能在铜件上打螺纹，最后通过对位、卡扣才能将两者固定连接。墨盒改为铝材质后，就可以在铝材内置螺纹，这样卡扣就可以任意角度卡住铜件。

极简的铝制包装盒让套装产品方便携带，统一产品调性和耐用性。盒盖反过来扣上就是一个茶盘。让包装盒与产品形成互动，起到收纳和茶台的双重功能。根据铝、铜两种金属的性能不同分配各自的重量和功能，通过设计达到不同的感受。纸镇可以重一些，毛笔可以轻一些。

作品中运用了很多一物多用的设计理念，这体现了"藏"的哲学。我们的生活中充斥着过剩的物品，当产品功能叠加时，在不影响使用性的同时，可以减少物品的数量，也给生活平添几分惊喜。另一方面也可以尽量节省材料和加工成本，是一种对现代生活方式的反思。

我国早在南北朝时期就有文房四宝的存在。随着时间的推移，文房四宝所包含的东西一直发生着变化。笔管材质逐渐丰富，从木到竹，从动物的牙、脚，到贵重的玉石、金属。每一种材料的质感都会带来不同的书写体验，而材料的转化也让我们感受到时代的变迁、时光的飞逝，创造的过程亦充满无限可能。

作为一套现代化的文房用品，它打破了传统的材质界限，意味着更新鲜的使用方式和体验感受。当我们专注于书写这件小事，它会在不经意间留下使用的痕迹，看到岁月时光的印记。

让现代人的生活从一支笔出发，在笔、墨、茶、香间徜徉天地，进入书写时光的隧道。

004
铝材质款
展示陈列

004
铝材质款
展示陈列

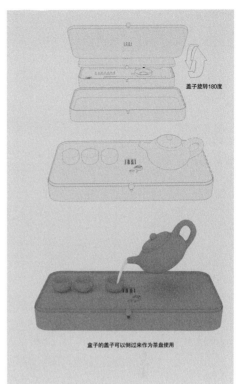

盖子旋转180度

盒子的盖子可以倒过来作为茶盘使用

005
全铝套装示意

006
包装盒和茶盘
示意

007
场景运用

诗意的河流

宋鹏 ｜ 花园乐队

来自地面表层 1cm 的花园乐队，
动植物的微小动态触发琴弦的振动。
谱写自然的乐章，诗意物化的呈现。

材料　树、花、石、动物（若有）、风雨（若有）
尺寸　5000mm×5000mm×10mm（长×宽×高）（尺寸可变）

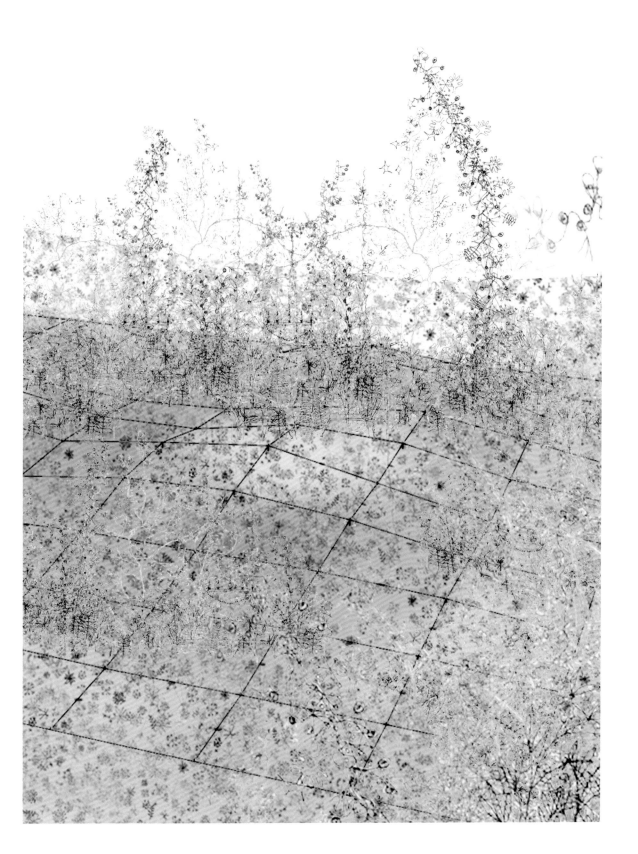

《花园乐队》

"花园乐队是一个来自地面表层 1cm 的乐队，乐手是风，是石，是嬉戏的孩子，是上蹿下跳的猫。一切的机缘给了这支乐队最真实又最抽象的乐章。花园乐队是诗意本身的物化表达。"

工作营

再次回味起工作营已经是半年之后了。这个时间跨度足以淡忘掉那些日子的细枝末节，却也最真实地沉淀出耐人回味的精华。回想起那段单纯美妙，相较于工作日常颇有些失真的日子，我的第一反应竟是来自 5 月杭州特有的梅雨气氛，烟雨朦胧的清新和湿气。大概是追随卢老师学习过程中时常的内心触动放大了我的敏感，显得特别细腻吧。而后袭来的，是一股似乎触及了心灵的柔软之意，我想这个意念应该是诗意。诗意，是那段日子里反复提及的词，也是我在卢志荣老师身边感受最深刻的词。他的诗意，是《世界诗词之方舟》的空灵感人，又是《哈斯克之行》的悠远陌生。我的心神总是不由自主地被这些诗意带去远方。

工作营对我最大的启迪，并不在某一件作品的维度，而是我让我看到了这样一位前辈以及他的言行，他的态度，他的创造。像接受一场洗礼。以至于工作营结束两个月后，我为索达吉堪布设计了一座图书馆，向他汇报交流后，竟产生了和在工作营极其相近的感受。我确信卢老师有这样的精神力量。

于是我在工作营的作品，变成了一场关于诗意的追寻。记得开营的那晚，我说希望工作营像一条河流，我躺在河里，看看工作营能将我带去哪里。卢老师回答，也许河流不会风平浪静，也许充满波涛和礁石。现在回头想想，确实这条追寻诗意的长河里，充满波澜。而《花园乐队》这件作品也像是一件有着明确的初衷，却在途中不断演化，不断偏离的产物。看来，追寻诗意的路上恰恰缺少的就是诗意。

缘起

关于作品，老师给我选定的题目是继续深化我的一个系列小画中的一件家具，但是并没有像对大多数同学一样反复劝说

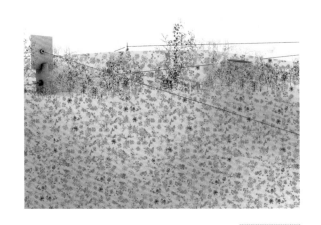

OOI
来自地表
1cm

我坚持给定的题目。反而表示给我的题目是一个 open-end question，可以有自由度。所以我按着当时的感触，拟定了一个全新的题目。

在开始叙述我的作品前，我想先聊聊卢志荣老师的《五柱喷泉和水舞编排》(*Five Fountain Pillars and Choreography of Water*, 1997)。这是一件非常令我触动的作品。五座高塔，同质异构，架空在不知是远古抑或是未来的模糊时代，连同模糊的建造，模糊的力学原理。但清晰的是我听见了水的声音，我甚至能分辨液体的流淌、喷涌、飞溅与倾泻。水声，大概是画着各式水纹的乐谱和高塔上形貌各异的孔洞让我依着生活经验产生了联想。但最有趣的事情在于所谓的"水舞编排"，我认为没有人会遵循卢老师的预设乐谱，但观者恰恰被卢老师引导着进入他预设的情境中，听见的是自己内心的映射。

这件作品勾起了我尝试做一件乐器的好奇。于是基于工作习惯，我开始向自己抛出一些遐想，比如：我希望这件乐器的乐谱是自治的（没有预设，从乐器到环境到听众本身都是乐谱的谱写者）；我希望是一种特别的音色（不是现有乐器的音色，但可以从现有的乐器改造而来）；我希望它是不被觉察的（参与者能更无意识地加入乐曲中）；我希望这是一件拥有"aha moment"让人会心一笑的乐器⋯⋯

002
捕捉声音的网

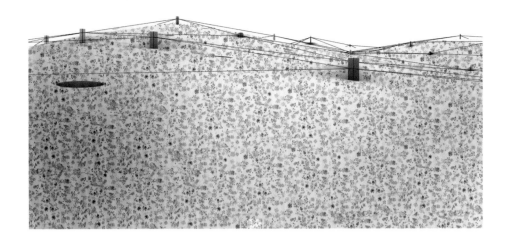

003
《五柱喷泉和水舞编排》
(*Five Fountain Pillars and
Choreography of Water*, 1997)

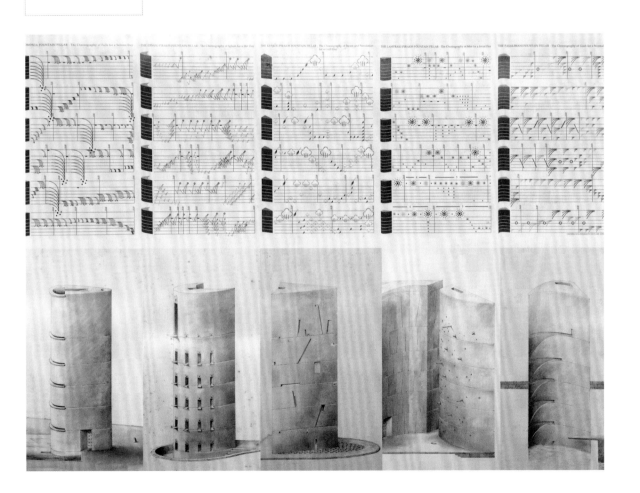

经历了一阵关键词检索之后，我把这件乐器定位在花园里。因为花园里有我想要的一切条件。花园本身是一个自我平衡的生态系统，虫鱼鸟兽，沙石树花，风雨冰霜都是这个系统中极有潜力的成员变量。不期而至的人也会被融合进这个系统，既是听众又成为乐手。

几经挫折

对主体有了一个更加明晰的想象之后，我开始寻找音色。弦，是一种能够隐藏在空间中的发生器。弦的细微不会对花园的氛围造成视觉干扰，组成阵列的弦又可以作为丰富的音色来源。卢老师提出了用风来做弦的驱动。由此我开始尝试将风竖琴（wind harp）改造成花园乐队的乐器。理想状态中，风琴通过风进入风箱产生的压力驱动琴弦的震动，再由震动引发共振，从而产生声音。

经过一系列测试（尝试做了各种风琴的原型）都失败了，风并不是想象中这么容易控制，要获得引起风箱震动的风力也不是随处可得。困境时，卢老师找来一段视频，再次让我看到希望。视频中一个欧洲街头艺人拖着一把带着电的电贝司走在路上，贝司的琴弦和地面摩擦着，发出时而嘶哑时而尖锐的抽象声音。我开始尝试构建一个基于电吉他原理的琴弦网络，以此捕捉震动，利用不同频率震动可以转化成相应赫兹的电流，再让电流转化成声音。这个构想把我带上了一段拆吉他的路。我买了各种简易电吉他和音响，解构他们试图找到一个优质的运作方式。实验之后确实可以通过敲击获得声音，但仅仅是声音而已，完全无规则的碰撞之后产生的音色毫无诗意，甚至令人不安。在无法找到一个举重若轻的办法前，我只能继续通过技术手段来试图达到预期。带着理想与诗意出发，过程却像在完成一个理工试验，是我没有预想到的。试验没有成果，工作营的答辩就在眼前。我只好放弃在答辩前拿出 demo 的想法，投入到作品的演绎中去。把聚焦点落在花园表层 1cm 的空间中。让地形的起伏成为乐章的基础，落叶、花草、碎石、动物成为音符，用《五柱喷泉》的方式让大家先"看"到这支乐队的奏鸣。也正好是这 1cm 的空间，带给观众一个错动的尺度感和无限的遐想空间。

虽然在工作营结束的答辩里，依靠着绘画和语言的描述勾起了观众和导师们对诗意的期待，但在真正落地这件作品的时

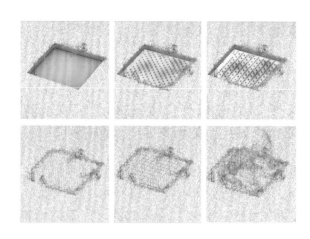

候，内心却是焦躁低落的。由于工作原因，错过了后续和卢老师继续讨论这件作品的机缘。最终展览的作品只能通过设置在小花园内部的传感器捕捉现场观众的动态，通过内置的代码让音箱播放我预先录制好的声音片段。花园中的人流变动改变这些声音片段的播放顺序，从而创造出一曲不重复的乐曲。这是我的底线了，但展会毕竟不是画廊。高密度的人流运动超过传感器能分辨的解析度。嘈杂的环境让音箱发出的声音迅速被淹没。最糟糕的是在超大型展会中，极高的信息密度让观者不会注意到这个小小花园里的细小变化。尽管我策展并设计过这样的大型展会，却发生了策略性的失误，结果可想而知。

未完的期待

尽管在寻找诗意的长河里翻了船，我仍然希望能实现这件作品，对卢老师的付出与信任能有一段诗意的回音。11 月，我在上海新开馆的西岸美术馆蓬皮杜艺术中心五年展中，看到了一件和我内心中对花园乐队的音色和原理非常相近的作品《Musicale》（Takis，1977）。我是欣喜的。欣喜的是，是我没能完成这项研究，并不是方向错误。这也让我有了继续完成它的愿景与期待。

未完，是一种带着期许的情绪。未完的是《花园乐队》这件作品，未完的是工作营同学们的缘分，未完的是我希望有一天能再向卢老师描述这件作品和我在这漫漫的长河中前行的成长。

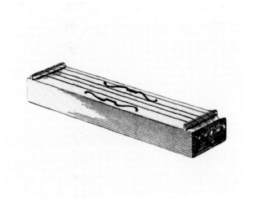

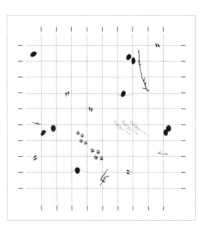

004
创造花园乐器

005
风竖琴原理

006
来自花园的乐谱

007
传感器寄生
在花园里

空有多空？

王光旺 ｜ 空

亚克力盒体内置磁悬浮装置、灯管，
外面包裹宣纸，
人们可以站在四周观看漂浮其上的水滴形墨点。

材料 半透明亚克力、宣纸、墨水
尺寸　150mm×150mm×120mm（长×宽×高）

我很喜欢黄公望的《富春山居图》，在画中感受古人"景随人迁、人随景移"的心境。我也想去追寻古人亲近山水的情怀。通过对山脉走势的观察，提炼出三个抽象的几何形态，用简洁、有力的形式去表达心目中的山水，并用竹子和白色防水布制作出来，安装在中国美术学院象山校区的湖面上。所谓山水万象，隐隐于空濛之中。

现代人很少去接触自然山水，也更难去细细体验山水。《山水空濛》中最大的山可以让观者居身其中，去体验山水"可居、可观、可游"的意境之美，以此表达人、山、水之间的诗性关系。让人们在效仿古人寄情山水时，忘记日常三点一线的繁忙，重新获得感官的释放。在自然的环境下，放空自己，抛掉积压的情绪垃圾、心理垃圾，抛掉没必要的物欲……

当我看到"卢志荣设计工作营"给我的题目是重做、改进并实践这件毕业设计《山水空濛》时，一开始还很期待。卢老师的作品不仅思想深厚，而且制作工艺非常精湛。一定可以给我很多工艺改进的建议。

但结果并非自己所想，当我介绍完这件作品时，老师问大家："你们是希望有人进入这件作品，还是不希望有人进入？"大部分同学还是希望有人进入的，包括我自己。毕竟在毕业展览的时候，我也是划着竹排带着成千的观者进入到作品中，感受作品以及周围的一山一水。

老师接着说，我的作品从功能上来说算是小型建筑。设计更偏向于功能性，艺术更偏向于精神层面，也有两者的结合，看我自己的选择。

在接下来的几天里我反复思考这些问题，是选择设计的功能性？还是艺术的纯粹表达？老师和同学们也建议我从多维度思考自己的作品。其实那时候的我非常迷茫，所以迟迟没有深化方案。其他同学已经有了一些想法，而我却迟迟未动。如果我一直把自己包裹得严严实实，害怕犯错，害怕失败，那怎么向老师和同学们学习呢？所以在后面的几天我便试着打开自己，勇于和大家交流。卢老师特别耐心地启发我、引导我，这个解构自我、寻找自己过程，虽痛苦不易却很有意义！

最终我选择放弃之前的设计方案，尝试用艺术的方式来传达"空"的思想。我想探究这样一个空间或者雕塑作品：让人的内心向无限的空间延伸，然后再回到自己的内心，一种反反复复的回响，从而探索出内心空间的广阔性。像一个能量波由一点向外辐射、蔓延到无限空间，周而复始。如果人们进入到这样的空间，会是一种怎样的体验呢？是否会进入冥想状态？

寻着这样的感觉，我做出了第一版方案：由墨汁、定时滴墨装置、机动装置、灯柱、涂黑的木材、透光水泥、圆柱盒组成的空间装置。当人们进入黑色铁盒构成的空间，会发现每隔60s有一滴墨汁落到墨盒里形成波纹，此时灯柱会缓慢地上下滑动，灯光照射在墨汁的涟漪上，由反射原理形成的光波会投射在透光水泥上。这样装置内外都可以感受到波的形成。

"方案的主要概念是滴墨。滴墨周围的环境不是不可能，但要在实践中深入研发。比如透光水泥的透明度、结构、厚度、弧度，都需要了解其实际情况。为什么不集中把滴墨的意境，以最简单直接的方式带出？"这是卢老师给我的建议。我突然领悟到，作品用力过猛，导致信息量太多，从而影响了作品的直接传达性。

第二版方案中，我保留了墨汁、墨盒、机动装置、灯、亚克力和宣纸。整体体量变小，观众可以通过装置中间的缝隙欣赏里面的悬浮墨滴。我满意地和老师讲解着调整后的方案，老师看完说道："你能否把墨滴的意境更纯粹更直接地带出？"还是不够直接吗？仔细想想也是，像是关闭自己的内心，只留一个空隙让人观看、感受，不够开放直白。我还是太注重看的形式了。

第三版方案我打开了看的视野，直接在一个长1.5m、宽1.5m、高度30cm的方盒上方悬浮墨滴。这次老师认为还可以，但如果有一个调皮的小孩跑上去，就会触碰墨滴导致掉下来。能否以人站立的视角去欣赏这件作品？于是我便把尺寸调高到1.2m，这样就可以舒服地站立观看，作品与观者处在相对平等的状态下，还避免破坏作品。

在展览开幕前我开始组装作品，即将完成的时候，老师建议

001
作品《山水空濛》

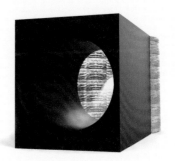

002
第一版方案

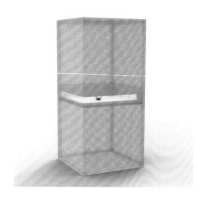

003
第二版方案

可以把溅起的立体墨水花去掉，只留下一滴悬浮的墨。这个"空"被彻底地打开了，变得广阔无边。试想一下，在遥远的外星球不小心滴了一滴墨，它经过各种穿梭旅行落在了一个用宣纸包裹的方盒上方，就这样一直漂浮、旋转着。

几次减法之后，去除了不必要的过度装饰，只留下这个最必要的精华部分，作品也变得纯粹。它和作品的精神紧密相连，用最简洁的方式传递出了本质的想法，同样表达了空的感觉。如果人的思想可以直接进入到作品，就不需要繁复的功能性了。

一滴墨、一个方盒，就已足够。滴墨或许只是一个点，当方盒无限延伸，像一个无边无际的平面。在那个空间里没有时间，只有你、作品和无尽的想象。自己在那样的时空里显得好渺小、却又好伟大，原来我们的内心是那么宽广——"心之所至，无所不及"。

那个状态是纯净、平和的，我们进入了内心与时空的对话。思想有多远多广，心就有多空。用我们的意识来感受空，感受内心和宇宙的连接。那是一种生生不息的状态，内心的小宇宙变得无穷无尽。

艺术作品是连接观众与艺术家精神、情感的桥梁，通过艺术作品，让我们心中尚且无法付诸语言的感受引发观众的体验和共鸣。当彼此处于尊重的状态，就可以展开没有界限的对话。

在时间找不到我们的地方，获得身心的舒展，我希望那一幕宁静、纯洁、安和……

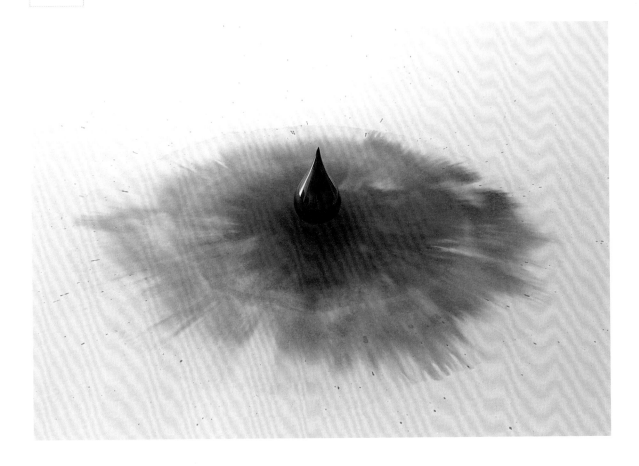

小象把我难倒了

王树茂 │ 小象椅

设计之初希望通过整片 3D 弯板一体冲压成型。
椅背两侧向内包裹，后腿夹住两片翘起的弯板，
坐面覆盖灰色皮料，从正面看去像一只小象，
故名《小象椅》。

材料　3D 弯板、皮革
尺寸　785mm×670mm×655mm（长×宽×高）

2016年一个丹麦品牌委托我们用3D弯板来开发一款椅子，要求是这把椅子要有工艺壁垒，不那么容易被仿冒。

在画草图的时候，我尽量把两侧往上翘，形成大幅度的曲面。而切开背板往后翘的点子也是为了让这个椅子形成一个具有识别度的设计点。模型出来后发现，椅子的后腿可以夹住往后翘起的层压板，增加了结构的稳定受力，于是便保留了下来。从正面看去，两边包裹状的木板，向后翘的形态，浅色的后腿，像极了大象的模样，就取名《小象椅》。

但是品牌方的回复是，虽然造型很喜欢，但是制作难度过大，加上开发的成本较高。最终这个方案只能停留在效果图上。

卢志荣：为什么指定用3D弯板技术作为技术壁垒？中国的某一家具品牌早已用到这种技术。

王树茂：工厂本身擅长3D弯板，希望能做一款代表工厂最尖端工艺的曲木工艺产品。3D弯板的技术壁垒主要有两点：一是材料渠道商有严格的把控，原材料在购买上有一定难度；二是要想发挥出3D的特点，就必须制作新的模具，开发的成本较高。中国的这一家具品牌更多的是实木弯曲和二维弯曲，他们目前的工艺可以实现3D弯板，但是产品原材料价格高，制造出来的总成本就更高，离开了他们的市场定位。

卢志荣：如果设计的出发点是不让人抄，你觉得后果会是怎样的？无法实现的小象椅是不是这样的一个出发点的好例子？

王树茂：产品对于企业来说有两种：一种是走量的款式，希望工艺简单，造价低；一种是偏向于展出的款式，比如"诺亚方舟（日本品牌condehouse设计师Jakob Joergensen）"，希望能代表品牌对设计的研发投入和工艺的水平，而不是一味地追求市场。品牌方的最初定位是后者，但是根据现在《小象椅》的造型，每一款产品的研发都会耗费大量时间、精力和金钱，综合考虑后才决定更换其他方案。

卢志荣：让设计去模仿动物形态是一种执念，应该先考虑功能和实用性，之后设计最基本的要求将会给你更大的问题。

王树茂：这个造型是根据结构出发推导出来的外观，不是为了拟生才做的造型，后来因为觉得形似小象，才为其覆上了一层灰色的皮，使其更像大象的皮肤，也增加了坐感的舒适性。坐具本身是一件实用性的产品，它和艺术品有本质的区别。既然要满足坐具的功能，那应该解决的就是座面和靠背的需求，其他的造型应该是为这两个功能服务的。除了造型和结构，还有设计理念的植入，材料工艺的进步也是推动设计前进的一部分。

卢志荣：这个造型增加了制作难点，冲压的力来自同一个方向，怎样在保证冲压的作用力下又能让背板往后翘？

王树茂：这也是让我困扰的问题。我的设计出发点也是想把这个材料模拟成纸张，放置在模具上，靠一体冲压成型。但是《小象椅》的弧度跨度太大，即便很成熟的工艺也不能保证生产出来，冲压的时候还要把后背冲压出去，不能确定每次都能校对准确。

卢志荣：是否可以把这个点改用更加简单的方式制作？

王树茂：我把椅子的层压板展开成平面图，重新定型，从最初的3D弯板冲压变成了二维层压板来制作。材料、模具成本降低，工艺难度也降低了。先用CNC切割出二维层压板的轮廓，然后用木模雕刻出椅子的内模，将切割好的木板贴在内模上，并用夹具定型。通过巧妙的切割和隐蔽的拼合方式，制作成《小象椅》的座面结构。另外将层压板的接缝处留在座面底部，这样既能保证结构的稳定性，又极大地降低了工艺的难度，保证了后背造型的美观。理论上来讲，这个工艺是可行的。

卢志荣：既然三维层压板技术已存在，为什么后来不能跟着你的想法实现？

王树茂：由于工厂在赶其他的展会产品，也没有多余的打样师傅帮我做实验深化方案，这把椅子就一直耽搁下来。如果这款产品不放在品牌里面生产，所有的开发成本就要我自己承担。而我在筹备市场化的产品，需要参展和备货，加上这把椅子放在自己的品牌里面生产出来卖不出高的价格，所以还是在找寻合适的想要生产的品牌。在一次次的探讨和摸索中，我不断地在靠近设计的结果，等待更好的处理方法，然

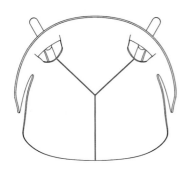

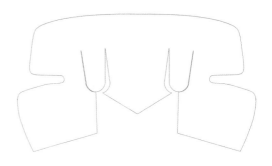

001
俯视图结构

002
平面解构图

003
效果图正面
和背面

后再去实现它。

卢志荣：不断靠近了哪些设计结果？发现了哪些可以实现的方法？

王树茂：从3D的材料推导到了2D的材料是一种进步。用2D的方式可以实现，但是会损失边缘曲线的造型。从侧视图中可以看到，我在靠背和座面的边缘位置强化了弧度和细节，有很多自然过渡的曲面。如果用三维弯板一次性的冲压工艺，就可以保留这些弧面。但是采用二维层压板裁切，弧面就会直接变成一条直线。

卢志荣：可能对胶合板还没有真正地了解？

王树茂：一开始我以为3D弯板是可以冲压出那个弧度的，后面和工人讨论后才知道那个圆弧过大，已经超过了板材承受的范围，会断裂。另外冲压的力是单向的，无法满足两个方向的弯曲。

每一种材料都有它独特的属性，只有充分发挥这些特点，才能让它成为设计的焦点。而一个成熟的设计师必须对这些材料和工艺有着透彻的研究。如果说想象力是一个设计师最重要的能力，那么工艺就可以帮助设计师将想象力完美落地，而这两者之间要取得一定的平衡。

卢志荣：因为你是设计师，所以这两者是一体。小象椅最终把你难倒的原因是什么？

王树茂：当保留了两片向后翘的造型后，为了让他们在结构上更坚固，就分别和两条后腿进行连接，虽然设计理想化了，但这也让工艺的难度增加，最终导致无法实现。形态的美感是一方面，但也要依托现有的技术、生产的成本等多方面实际情况。当二者不能兼顾时，必须做出一定的退让。

卢志荣：除了你说的你和师傅及生产商都无时间、大家都无精力、你无资本亦没有投资者，只有被动地等待一家为你的小象椅而垂青的家具品牌帮你解决技术上的问题之外，还有哪些原因让小象椅把你难倒吗？

王树茂：十年前我开始大量浏览前人的设计作品，希望从一个宏观的角度去理解这个专业。

但停留在图片上的研究是远远不够的，只有亲自使用，才能具体地体会设计的细节，比例、尺寸、工艺。我开始一件件地购买椅子，研究每一件产品的工艺。从这些实物身上，我学到了远超于书本和图片的知识，一个金属的焊接点，一个榫卯的结构，一个布料的缝线……当我做设计时，也会将这些所得运用在实践中。但每一次遇到的问题都会有所不同，并不一定都能在这些实物收藏中找到答案。和工艺师傅的探讨、拆解每个部件的过程让我看到更多设计的内部细节和工艺。用实践去反推设计，再用设计去凸显工艺。虽然在做小象椅前，我同样研究了大量的实物，但在具体设计时，还是没有弄清楚工艺的细微差异，比如3D弯板的承压范围，用多大的弧度合适等等，导致这个从技术壁垒出发的设计真的难倒了品牌方，也难倒了自己。对技术执着的我，或许更应该从实际操作中去全面地认知工艺，真正地找到设计和技术的平衡点，让完美的设计理念也同样能够完美地落地。

004
侧视效果图

物之静　形之动

王洋洋 | Dum-Tum · Happy Swing

打破传统木马的形象,
从饺子 Dumpling 和不倒翁 Tumbler 找到造型的灵感,
由此合成了作品名称"Dum-Tum",
发音也模仿儿童的牙牙学语。

材料　玻璃钢
尺寸　580mm×528mm×544mm（长×宽×高）

午后的阳光在客厅撒下一片温暖的光斑，年轻的妈妈慵懒地倚坐在直角沙发，手指轻轻划过书页。睡眼惺忪的儿子光着小脚丫跑出来，一跃便骑上木马，身子软软地拥着心爱的玩具，嘴里哼唱着"马儿嘟嘟骑，嘟嘟嘟嘟骑……"
——《和直角沙发对话的家具器物》

作为一个职业的家具设计师，我的工作更多是在设计"严肃家具"。每一次设计项目的开展，都会在前期考虑产品的市场、工艺、成本和实现的形式，以保证产品的面世。这种接受市场与用户检验的"严肃家具"，常常让天马行空的创意受到限制。我时常想去创作一些更有趣味的家具，在尝试中进行突破，在创意和现实之间架起平衡的桥梁。

2019年5月卢志荣老师的设计工作营开始招募，兴奋之余我也有很多顾虑，然而时间和机会并不允许人犹豫。我按部就班地报了名，最终幸运地入选。我的题目是《和直角沙发对话的家具器物》，老师希望我在这几天能为服务的公司输出新品，一个暖心又极具挑战的课题！

我迁思回虑，在六天的课程中究竟想要设计一件怎样的作品？解答怎样的疑惑？收获怎样的能量？在第一次的交流中，老师认为《直角沙发》的外观形态给人可以调节的错觉。靠背是否可以调节，既是沙发也是躺椅？

顺着这样的思路，我开始思考形态的动势，家具中的动和静是什么关系？物体之静与形体之动存在一种怎样微妙且不可分割的联系？它们如何相互作用，共同成就一件产品的气质，进而影响到空间，影响到人的情绪和行为？

总而言之，我希望这件作品有种力量，可以触动空气中的静止和平衡，继而缓慢地带动气流，引起空间的跃动感。它犹如一个孩子，为一个家庭带去鲜活与生动、热闹与顽皮的生活气息……

即便经济迅速发展，寻求快乐依旧是人类亘古不变的话题。人生有一个阶段理应拥有最极致的快乐，任何人、任何事态皆不可剥夺，只可倾力创造氛围维护，这就是我们的童年时代。每个人似乎都有关于童年的记忆，是懵懵懂懂的成长，抑或是相册中泛黄的旧照片。无数的想法在脑海中闪现，不停地进行思想实验，是做一款摇椅，为高速的生活平添一份

淡泊和睿智？还是做一款摇马，为沉闷的生活加一份活泼与顽皮？总之，参加工作营让我有机会更大胆地去尝试脑海中的想法和创意，不囿于时间、金钱和懒惰。

最终我将课题锁定为一件儿童玩具——木马。用成人的思维去做一件属于孩子的玩具，对我来说无疑是困难的。但工作营给了我们突破自己的勇气与决心，每一个设计师都试图跳出曾经的舒适区，建筑师做雕塑、空间设计师做建筑、软装设计师变成诗人……每个人都在自己不熟悉的领域成为"新人"，一路向前。

在第二次交流中我提出了自己的木马创意，大家的建议是增加玩具的寿命，在孩子小的时候是木马，等长大之后就是另外一件器物？或者一件产品两种用途……如何在时间和空间方向上延长儿童家具的使用寿命。

我开始思考用怎样的方式去承载这样的时空感，同时打破人们常规印象中的木马形象，回归孩子的视角，设计出一款属于童真世界的木马。儿时的某些场景总会留在记忆深处，晃晃悠悠的不倒翁，和爷爷奶奶一起捏的面团，每到过年时要吃的饺子……记忆在瞬间拼凑，或许我可以在食物和玩具之间捕获灵感、找到答案。

我希望为孩子创造一瞬的快乐和长久的回忆，"Dum-Tum·Happy Swing"的概念便应运而生。木马的造型灵感源于Dumpling（饺子）& Tumbler（不倒翁），从而合成了一个新词汇"Dum-Tum"。除此之外，"Dum-Tum"的发音像是模仿儿童的语言结构，牙牙学语和叠词的模式。让

002
第一版泥模
制作照片

003
漆边缘线
照片

004
产品名称
图标

001
梵几·直角沙发

005
灵感图

饺 子
Dumpling

+

不 倒 翁
Tumbler

=

Dum-Tum

产品名称和寓意很好地联系在一起，贴近儿童轻松、快乐的纯真状态。

确定产品概念之后，形态似乎也呼之欲出，我将这种创造转移到手的记忆。儿童的涂鸦、歪歪扭扭的线条，捏面团的手感、摆动不倒翁的惯性……脑和手的记忆，不断地修改调整，一张张手绘草图的叠加，最终一个满意的形态呈现在眼前。

"Dum-Tum"的概念让第三次交流变得热闹起来，但是问题随之而来，《Dum-Tum》的材料和生命周期、环保性是怎样的？和身体接触的地方是不是柔软的材料？着地的位置是否可以更耐磨？家具的重量应该控制在什么范围内才是更安全、合理的？内置的配重球是否可见？

来之不易的创意在实现阶段也一样困难重重。这让我迅速回归到职业设计师的严谨与理性。这样的形态决定了材料的选择会与常规的家具不同，我想用玻璃钢来解决。主体使用玻璃钢，方便产品塑形。座垫部位使用较为舒适的硅胶，但是在有限时间和资源的条件下，硅胶模具的制作和尺寸不足以支撑现在的方案。

由于整体外观造型不规则且多变，没有固定基数参考，我需要将手模用 3D 扫描技术在电脑上等比放大，然后用 CNC 切割技术制作 1:1 的泡沫模型，同时与师傅共同合作，进行多次的调整和再次创作，最终达到相对理想的形态效果。

配重始终是一个棘手的问题，我在打样过程中尝试了多种解决方案。《Dum-Tum》不倒翁的概念需要一个强有力的配重体才能成立，同时自重又不可过重，以免影响产品的安全性。这两种需求在同一件产品上形成较难解决的矛盾。我在动态模型中反复试验，并且使用金属弹珠完成了模型底部的配重。

产品的细节、合模线的颜色对于产品的精气神尤为重要，由于是在不同的工厂完成，产品颜色的调试同样是与调色师合作完成，先调制出重色漆，再调制出浅色漆，让产品达到既统一又空灵的调性。

经历了不同工厂之间的周转和反复调整，我和几位师傅最终

完成了《Dum-Tum》的打样制作。怀着忐忑的心情，我赶忙拉上小侄女试玩。看着她摇摇晃晃的姿态，一幕幕场景在眼前回放。我一边保护着她，一边思索着还有哪些不足。

《Dum-Tum》设计融合了饺子和不倒翁的不规则造型，是视觉上不稳定的存在。不使用的时候，它默默地在角落里等候，期待着与小伙伴的玩耍、嬉闹。《直角沙发》则是形态静止的常规家具，框架形式注定了它的稳固结构。一个活泼，一个沉稳；一个是孩子，一个是成人。或许顽皮和理性都是设计师内心的重要组成，缺一不可。

《Dum-Tum》的创作过程让我做出了新的尝试，直角沙发选用了传统的实木作为主材料，而《Dum-Tum》则使用了近几年才应用在家具上的玻璃钢材料。这只是初代产品的测试，后续还会不断迭代更新。让孩子也拥有属于自己的家具，同时在亲子间建立由家具带来的外在联系，形成和谐的家居氛围，让更多家庭享受设计带来的快乐时光。《Dum-Tum》只是我对《和直角沙发对话的家具器物》一种回应，不同人或许有不同的解答。作为读者的你是否愿意尝试？

回想工作营的一周，同学之间相互交流、建议，甚至批判，老师给予每个人的建议都"直击要害"，在此抛出几个问题与大家分享：你的产品是否拥有动能？当产品拥有形体动能后，你是否"捆绑"它？你设计的产品动能想让它自我表达什么？设计过程中是哪一点点的动能让我们的产品"活"起来？产品的生命周期是怎样的？产品使用材料的生命周期是怎样的？小朋友的家具如何做到真正的安全？如果你正在读这本书，不妨思考一下，每个人为什么会有这样的课题？或许你会有不一样的思考和收获。

形状离不开力学的逻辑

王蕴涵 ｜ 伸懒腰椅 Stretching Chair

向后伸展的靠背由一个蝴蝶状的骨架支撑，
内部的结构为靠背提供了一定的弹性，
使用者可以沿着靠背上的曲线放松伸展。

材料　胡桃木、皮革、黄铜
尺寸　1000mm×1000mm×900mm（长×宽×高）

这把椅子是为了一个项目而设计的，提前拟定的主题是偏向自然的定位，所以在设计的时候加入了藤蔓植物自由扭转、向上生长的感觉。天马行空地做下来，把它当作雕塑来做，所有的想法都围绕在造型和工艺：

怎样的弧度才能让整个靠背的造型更加流畅？
每一个倒角该从哪里转向和连接？
如何才能从各个角度最大限度地展现它的曲线？
用什么材料才能完成这个复杂的造型？
材料与材料之间如何完美地收口？

在软件里扭曲翻转，满脑子想的都是怎样把线条表现得更优美，最后呈现的效果还是令自己满意的。但在汇报时品牌方表示，要实现这把椅子的工艺太难，即使做出来，也成本过高，所以这把椅子被 pass 了。这个设计便成了众多飞机稿中最深得我喜爱的一稿。

在历史的长河中，已经有无数的工匠、设计师设计出了各种形态的椅子，想要创新真的很难。目前为止，这把椅子是我所有椅子设计中形态突破最大的一款，因此总是希望有机会可以实现它。

在参加工作营时，我准备了两个选题，一个是我一直很喜欢做的产品类别——梳妆台，一个就是这把椅子。卢老师可能也看出了我对这件产品的青睐，所以这把椅子便成了我的选题，也是我所有纠结和怀疑的开始。

我需要给这件作品起一个名字，赋予它独特的来历和贴切的身世。由于它的造型是向后弯曲的，很像人伸懒腰时的状态，所以 Stretching Chair 这个名字就在我盯着电脑，伸着懒腰的冥思苦想中诞生了。在工作营期间，我都用伸懒腰这个功能来解释造型的由来，来证明这把椅子存在的客观性。

随着课程的深入，卢老师提出，既然是一把用来伸懒腰的椅子，为什么它的靠背不能变形，不能跟随着人体伸懒腰的动作而动起来呢？为什么靠背后面的支撑柱不是一根弹簧，拉住整个椅背向后卷曲？

刚开始听到这个提议的时候我特别兴奋，觉得加上了这些功

气压弹簧

能，这把椅子便更完善、更有意义了。但等到冷静下来深入思考的时候才发现，这个功能已经让设计实现的难度上升到了另一个层次。

从工作营结束后我就立即开始打样。在地处制造业中心的大湾区，我满心以为找到一个合适的打样工厂并不是什么难事。我跑了很多家工厂，和各种在家具行业摸爬滚打了几十年的老板、厂长、工人拿着图纸，对着 3D 打印的小模型反复讨论，直到白色的小模型被摸得黑黑的。大家都充满欣喜地拿出自己的经验投入到这场实验中，但在实施时却遇到了很多的困难。一个能动的靠背，不只需要一个有弹性的外框，还需要弹性靠背的内部支撑结构，更需要在有弹性的同时保持靠背弯曲造型的能力。大家都告诉我，对着这个造型一模一样地做出来，有难度，但是可以试试；但可以动起来的弹性靠背结构，做不了。

随着展览日期的临近，我意识到，很有可能拿不出一个像样的作品来参加展览了。所以决定从头开始，从造型开始反推，

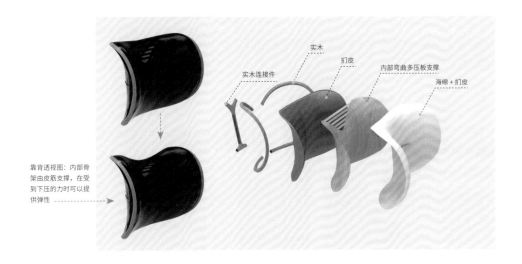

实木连接件　　　　　实木　　扣皮　　内部弯曲多曲板支撑

海绵 + 扣皮

靠背透视图：内部骨
架由皮筋支撑，在受
到下压的力时可以提
供弹性

先把最开始想要的造型做出来，以此为基础，展览后再继续材料实验，将背后的木质框架替换成有弹性的藤条材质，慢慢完善整个作品。

在第一次线上汇报时，我第一次打样的成果只有一个椅子的大框架。卢老师看后给出意见："现在看到椅背的多层做法，藤条可能不会有弹性，下一步需要打样的实验，才能决定细节。"于是我决定先尽快把椅子大的造型打样出来，在打样基础上进行实验。

每一件成熟的产品都需要数次的打样和调整才能达到最好的状态，更何况造型如此复杂的一件产品，每一个曲线和扭转都需要精确，才能将这个造型完美地展现出来。同时工人与工匠还有一定的差距，工人们只凭几个角度的平面图纸，很难在脑海中构建出完整的造型，所以打样出来后就会发现，从某一个角度看起来很好，但换一个角度就走形了。

第二次打样后，卢老师又给出了点评："从力学去看椅子各组件的比例，带有张力的，其切面的直径越小越适当。不需的厚度就会觉得笨！在打样的制作过程中，或者你已发现椅背往后的弹性不会很明显。这椅子的特别之处，就是背后带有张力及弹性的这一根'线'，把椅背弯过来。可以这样想，没有这根线，椅背就不会弯着。"我知道卢老师是希望我按照最初的构想，尝试各种材料做出一个弹性的椅背。所以我买了藤条、竹片、亚克力板等等，在家里做了一些材料实验，但一直没有找到解决的办法。

展览的时间紧迫，我只能在原有打样产品的基础上寻找办法。为了在靠背整体无法做成弹性结构的情况下，我尽量让靠背拥有一定的弹性。于是我修改了靠背内部支撑结构的多层板造型，在其中加入拉紧的皮筋结构。在不受力的情况下可以保持椅子的造型，在使用时受到压力，皮筋可以给椅背提供更加充分的变形空间。我将椅背的各个部分分层、分解，整个靠背具有4层结构，每层独立制作并不难，但把4层合在一起时，能够保证完美地结合是一个技术难点，需要每一层结构在制作过程中都不能有超过3%的变形。在卢老师建议的基础上，我尝试将边框做细，并用藤条处理骨架造型。但由于靠背内部的弯板强度不够，并没有像想象中那样可以撑住靠背，还是需要用更硬的木材做辅助支撑。这一版打样已经初具雏形，但造型上依然存在线条不流畅的问题。

人靠在椅背上时，虽然椅背无法整体弹动，但椅背内部提供了良好的弹性。

8月10日卢老师线上视频点评："从造型出发来做一件作品是错误的设计方法，椅背的造型应该有它的来由，不仅仅是好看而已。如果它是不能动的，这个造型就没有存在的意义。但因为时间很紧张，这件作品我们可以把它当做你犯的第一个错误。在这个基础上，后面继续试验材料，再继续去完善它。"

虽然不能完美地呈现卢老师期待的功能，我还是希望能在有限的时间内将作品尽可能地先呈现出来。我继续想办法修改它的造型，最后这一次的打样，我将靠背的整个骨架按照1:1的比例分段3D打印出来，每段与每段之间做好接口，拿给工厂比对着做，终于完成了这个造型。有些细节还是不够精确，所以这件产品也只能算是打样产品中的一件，而不是一件成熟的完成品。

9月8日我顺利地赶上了展览，大家都在惊叹这件产品的工艺。在造型难度这么大的情况下，细节处理得还是很好。这只能说明我找到了一家非常优秀的家具工厂来帮忙打样这件产品。我似乎失去了往日看到自己产品的那种满足感，卢老师提出的问题一直引发着我的思考："如果这把椅子背后特殊的结构因没有弹性而始终无法动起来，那它存在的意义又是什么？"

毕业后我一直在一家大型设计公司J&A做商业性的产品设计，服务的客户都是Turri这种系统化、成熟的品牌，在做每一件产品的时候关注重点都放在造型是否新颖、是否受到消费者的喜爱上。通过几个月的时间，我在老师的指导下慢慢打磨这件产品，给了我更多的时间反思和思考。仔细打量着这件设计，我慢慢发现没有一个合适的理由去解释它的来由，仅仅是因为我喜欢。之前总是认为，只要长得美就不需要更多的理由来解释支撑，但当我开始回归到设计的出发点，剥离掉看似复杂的表征，却没有找到足以支撑架构的脉络。

工作营的经历让我发现了不一样的视角和跨界思维。我开始尝试不同的工作和身份，从中寻找设计和艺术的平衡。这些探寻过程，最终会帮我找到设计生涯的归属。

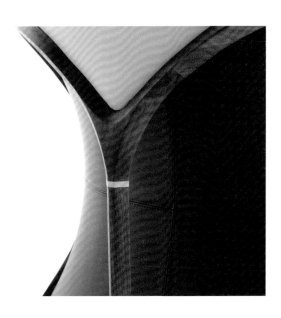

你亦是诗人

闻珍 │ 徐志摩新家的软装清单

以 20 个格子突出徐志摩与林徽因的爱情片段，
透过微信体与书信体、电子书与纸制书的古今对比，
及眼镜、相机、煤油灯等生活物件，
传递徐志摩新家可能的氛围。

材料　木、吹制玻璃、纸、镜面等综合材料
尺寸　300mm×300mm×20mm（长×宽×高）

2019 年 5 月的一天，我正在出差的路上，飞机刚刚落地深圳。我打开手机翻看邮件，那一瞬的兴奋、激动仍历历在目……

我拿到的课题是《徐志摩新家的软装清单》，第一眼看到这题目，我的喜欢无以言表。脑海里立刻浮现出各种与徐志摩有关的画面，他是我们耳熟能详的诗人，尤其是他的《再别康桥》，"轻轻的我走了，正如我轻轻的来"。他的诗，浪漫、热情，文笔娟秀。而他与林徽因的爱情也一直是文学界的传奇故事。

正式开营的前一天晚上，卢老师安排了一个同学见面会，每位同学有 4 分钟的自我介绍时间。从业 15 年，我经历过的大大小小评审汇报不计其数，那一晚却是从未有过的紧张。上台的那一刻，能深刻感受到心跳在加速，大腿在不由自主地抽动。原因很简单，当晚来的人都个个出色，出色到让我产生了一种叫"不自信"的东西。在接下来的日子里，迎接我的可能不是单纯的上课，而是一次又一次的挑战。那时候的我还不清楚，这岂止是挑战，而是一次又一次的崩溃瓦解，一次又一次的回炉重造。我来不及想这一段时光会对今后的设计生涯造成多大的影响。而事实证明，放下所有工作，来参加工作营，是我迄今为止在设计生涯中做得最正确的决定。

在第一天的课上，我一直找不到头绪，不知道该如何入手开始这份作业。汇报的时候，我不假思索地运用平日里惯用的方案套路，做人物设定、家的定位分析、找意向图、选型、选材料、搭配方案，同时预留两到三个方案供甲方选择。这是一名房产类设计师的日常工作，围绕房产品设计来进行，讲究高流转。甲方往往不会留给我们太多的思考时间，一个方案从开始到结束不会超过一周，从方案到落地完成也不会超过两个月。我早已习惯了"高效率"地解决项目，一切都显得那么自然，顺理成章。按照惯例，老师应该在我提供的备选方案里选定一个方向让我深化，而我也只需要在指定的方向上继续前行，慢慢完善，直到方案完成，项目结束。

然而事实上，我太不了解眼前的这位长者。他慢条斯理地说，"你的进度太快了，慢下来，想一想，你想要表达的是什么？选择他的一首诗、一段人生为切入点？"我急切地问："老师，能给我一个方向吗？"他依然带着淡淡的微笑

说着："所有的选择都是最好的选择，没有绝对的对错，一切都在于你自己。"那一瞬，我乱了方寸。

带着疑问，我找来了徐志摩的各种诗集、传记、电视剧，希望通过这些书面、视频资料，能更多地了解这位诗人。了解表面上的他，私底下的他。了解他的身世，他的女人，以及他的那些诗的来由。

徐志摩以诗作为感情表达的媒介，早期的诗篇多表达对爱情的渴望、对爱人的痴迷。我从一名女性的视角切入，选取他爱上林徽因的生活片段，想更多地保留那个浪漫多情、才华横溢的徐志摩。希望能勾起人们对于爱情初期的美好回忆，寻找记忆深处那个曾经憧憬美好爱情的自己。这是一个引发共鸣的话题，我在设计的同时，也无意中融入了自己的感受，成为了诗词的再创作者。我整合自己的感受，为观众定向推送那个充满阳光，愿意为爱奋不顾身，为追求心中所爱可以抛下世俗眼光、舍弃一切的徐志摩。

锁定主题后，在第二次的汇报中我开始寻找合适的表现方式。考虑到后期布展的需求，我从展览的角度开始思考展示效果。想用空间实物来展示，比如打造一个书房。这想法似乎显得没有新意，很快就被自己否定了。想过用视频影像来展现，在了解了影像背后需要的投入资金及技术要求后，我担心目前的一切不足以支撑起很好的落地效果。想过用现代技术做一些互动装置，增加展品和观众的交流，但这好像跳脱了我的专业范畴。我还想过许多方式，但一直找不准对清单表达方式的合适定位，陷入深深的纠结和焦虑之中。

第三次的汇报接踵而至，我从软装物件开始入手。家具可以选择老物件，有文化与历史情感的传承。灯具选择柔和的、局部的点光源，因生活方式来放置于床头亦或单椅边，同时添置辅助光源。地毯选择回归自然的、亲肤的材质，光脚都可以触碰的体验要求。饰品选择古人的物件、游历各国淘回的小件、友人爱人互赠的礼物。还有那些独属于徐志摩的生活物件，往来的书信（爱人、亲人、友人）、书籍、手稿和简报。

在这些物件所代表的意象中，，一点点寻找契合初恋的感觉，寻找徐志摩先生独有的那份缥缈的、浪漫的表达方式。由他的诗展开的想象空间是无穷尽的，笔触带来的感受，最美妙

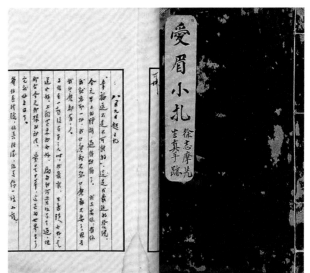

001
参展作品

002
信件书籍

的地方在于可以在某个时间和空间交汇。如果在这些意向中加入视觉艺术的表现，让材质有光的折射、透过、穿越，时隐时现，拨云见日……让光线有一定的控制和变化，挥挥衣袖，它在，又仿佛不在……让光与影的关系，在时间的角度下，变化莫测又富有诗意……

这些模糊的、抽象的感觉，让我在结业仪式的前一晚彻底崩溃。设计过一百多个酒店，上千个样板房，还有很多家装，在这个创意阶段，我已经迷茫到拿不出一个清晰的、具体的方案。从一个条理明晰的设计师，瞬间跌落到不知何去何从。我又一次找到卢老师，希望能明确一个方向，他只是礼貌地拥抱我，"你一定可以的，要相信自己，没有明确的方向，听自己的心，自己去感受。"那一刻，我只能说，感动的同时，我更迷茫了……

汇报那天，我被安排了在了前场，卢老师轻轻地走到我跟前，"昨天睡得好吗？不要紧张，我相信你一定可以的。"那一天，上台的我很轻松。我似乎明白了，工作营的目的，不是单纯地让我们完成这次课题，而是希望通过不一样的思考方式，学会用不同的维度来思考，重新启迪设计思维。45名学员来自设计界的各个专业，从业年限不同，个人经历也不同。每个人都像一面镜子，大家可以在其他人的镜子中找到44款不一样的自己。永远没有标准答案和唯一的答案，答案永远在每个人的心里。工作营的独有特色在于教书育人，启迪的同时将每个人唤醒重启。

工作营结束后的3个月，我们将在上海举办工作营的展览。这期间进行了几次线上、线下的交流。从每个细节的处理到布展设计，卢老师都交给我们自己来决定。只是我依然没有设计稿，只是把没有想明白的问题罗列在一页PPT上，希望能得到更多的线索和启发。

为何是新家？
是假设徐志摩活到当今社会，他该如何生活？如何进行对家的布置？
清单的表达方式有哪些？
是假想一个诗意的空间来进行设计创作？某一首诗、某一段情？
该如何表达我心中的徐志摩？
是选取徐志摩生平的某一个片段来进行思考？生活的沉淀、书信、日记……
如何表达诗意的空间、诗意的气质？
以怎样的角度来切入命题会更为合适？

而老师一如既往地给了一个开放性的答案："你所有的答案都在你的问题里。"这一句让我惊醒，原来所有的不确定，都是我自己的不确定，所有的纠结和焦虑，都是我自己带来的。我要想明白自己要怎么做，而不是老师希望我怎么做。

以前做方案我一直会惯性地从甲方的角度思考，如何帮客户在短时间内获得利益的最大化？从功能、成本出发，更多地考虑产品利润、装饰效果，始终围绕甲方做方案。设计师的专业体现在哪里？如果自己是甲方，我希望的结果又是什么？如何让自己的作品打动自己？

这期间我看了很多展，希望能汲取一些展示形式上的灵感。最终在一次温哥华美术馆的参观中，我灵光一闪，徐志摩的诗很精致，犹如一幅画作，文字犹如画笔，将情感与画面直映眼帘。于是我决定选取一首首诗中的经典语句，结合一个个画框，以装置的形式，来展现我理解的徐志摩。同样是对爱的表达，用现代的微信语言与徐志摩的诗形成一种对比。当今的电子书与纸质诗集也是一种对比。选用一副古董圆形镜框来刻画徐志摩在读者心中的画像……方案开始在心中勾画。

我选用了二十个格子来展示不同的物件，分别对应二十首诗的经典语句。字字句句，敲打在每个人的心房，激发观者对爱的阐释与表达方式。不同的观者能在同一幅作品中解读出不同的含义，发现自己对爱情的独特认知，也领悟到诗人的情感。那一刻，你亦是诗人，诗人亦是你……

开展的前一个星期，我把所有的想法一点点落地。呈现的形式、字体的大小、格子的尺度，以及每个格子里放置的物件。布展那天晚上，卢老师亲自来现场指导。视觉中心在什么位置？格子的位置高低在哪里合适？灯光如何投射？你想要传达的究竟是什么？一个个问题激发了我的又一次思考，是思想的再一次碰撞。

工作营是对我的全新挑战，有别于以往的任何一项工作。在这个过程中，期待、兴奋、迷惑、焦虑、困苦、释然……各种情绪在心里蔓延，从滋生到褪去。卢老师针对我的痛点对症下药，指引我突破现阶段的职业瓶颈。

撇开一切外在的因素，从作者本身想要表达的情绪出发，感同身受，重视情感赋予的力量，用不同的视角来考虑设计。正如卢老师所说，"让所有的一切都退后，作品本身会说话。"用爱来感染用户，想必最后呈现的效果是截然不同的。你的每一丝爱，都将一览无余地体现在作品中。

工作营的精神还在延续，相信我们会影响到更多的人。从我们的职业出发，从自身出发，让年轻的设计师更多地思考设计本身。犹如诗人落笔，思考的是一种情绪的表达。诗，作为一种情感的载体，写作初衷不是商业诉求。每一位设计师，请记得，你亦是诗人，你亦在谱写设计生涯的诗集……

我还在原地等你，
你却已经忘记曾经来过这里。

003
作品实景

十常八九　原创一二

徐乐 ｜ 木二椅 MUA-CHAIR

木二是"Mua"的谐音，在网络语里表示亲吻，以传达作品的亲切感。
造型灵感源于国画书法，借鉴其柔美曲线。
木二椅扶手与前腿、后腿在视觉上，犹如一根木头被劈开后生长而成，
体现了万物生长的概念。扶手和靠背的细腻线条如丝绸一般，
轻盈柔顺、饱满精致、又极具张力，并营造出特殊的阴翳效果。
严苛细致的制作工艺，传递匠心温暖。

材料　胡桃木、白橡木
尺寸　597mm×484mm×760mm（长×宽×高）

我的专业背景是产品设计，后来在学习和实践的过程中，发现自己爱上了家具设计。家具产品在生活中和我们有一种非常亲密的关系，伴随我们成长，天天与我们为伍，对其也有天然的温馨感和熟悉感，生活的点滴和感悟更能激发我的创作。随后我便进行了一系列家具产品的创作，但在设计的路上也遇到很多疑惑。

每当我自信满满地将打样好的新作品给不同背景的朋友评测时，他们在不受限的情况下各抒己见，讨论的结果总与我之前所想大相径庭。有的说好看，有的说线条不够流畅，有的说整体外形有些柔软，缺乏气势等等。有的意见从专业角度来说我并不认同，但有的问题确实存在。一件优秀的设计作品应该具备哪些品质？怎样的形态算是优美的？怎样的尺度使用起来是舒适的？什么样的结构是合理牢固的？等等。

我也一直认为自己做的是原创设计，并引以为豪，尤其当我荣获了一些国内外的设计奖项之后，就更加确信这点。我认为原创应该与众不同，不管是在造型、功能、材料和结构等方面都极具特色，它应当是展厅里最引人注目的那件。

2019年5月，我收到了卢志荣设计工作营的入选通知，惊喜万分，同时也充满忐忑和疑惑，我能寻求到想要的答案吗？其他学员也都是来自各领域的优秀人才，我能顺利完成卢老师对我的期望吗？能得到卢老师的亲临指导是非常荣幸和难求的，这或许能让我再次重新认识家具设计，开阔自己的眼界和创新思维模式。于是我鼓足勇气带着作品《璞椅》迎接了这场挑战。

《璞椅》是我以前创作的一把属于自己的原创椅子。坐具是与人关系最亲近的家具，人几乎有三分之一的时间是与各种坐具打交道。椅子各部分的名称，像椅脚、椅背、椅面和扶手，都与人类身体部位名称相仿，是一种人性化的家具，甚至一把好的椅子设计是具有人格的。我希望这把椅子具有自成一格的完整美感，其造型之美不亚于雕塑作品，还能传递文化精神，具有支配空间的力量。通过这把椅子的设计来传递我的设计理念并证明自己的设计水准。

回望历史，涌现出了不计其数的经典椅子设计，比如建筑大师要为自己的建筑设计椅子，室内设计师要结合空间设计椅

子，通过作品可以看出创作者的造型特征，对于结构的运用以及材料的挑选，都有其独特的想法，完全表现出他们的设计特色，也通过椅子将自己的设计精神和美学思考展现出来。

在工作营的第一次交流中，通过同学们对璞椅的试坐体验和意见阐述，卢老师也归纳了几点修改意见。这把椅子坐起来是否舒服，是不是可以更加舒适；设计语言过于繁复，前腿弯曲与后腿撇开元素略显冲突，是不是可以简化设计；椅子靠背的倾斜度以及靠背与人体腰部的接触面积是不是可以再进行调整；人坐在璞椅上面，身体易往前滑动，坐深是不是可以加长些；在工艺处理上，弧线靠背运用榫卯方式拼接而成，木纤维方向受到影响，牢固性不够，能否让木纤维方向和木头应力方向保持一定关系，起到牢固作用，用合理的工艺结构美化木头的接合处。

思考良久后，我决定重新创作一把椅子，它是璞椅血脉的延续和升华，希望这把椅子的神韵和流畅曲线更加淋漓尽致地表达出来。顺着这样的思路，我继续为新椅子的设计查阅资料，绘制概念草图，希望能将脑海里的点滴灵感快速表达出来。有时做方案疲惫了，我就回想起卢老师每次与我们讨论方案时几乎都要到凌晨一两点，第二天还要早起给我们上课。我顿感身体里充满能量和激情，卢老师的无私付出，让我满怀感动的同时也不想让老师对我们失望。

我又陆续设计了几款方案，有一款是去除了前腿弯曲部分，将扶手也削减掉，看起来非常简洁。另一款是将靠背接触面增大，换成软包材料，增加了舒适性。在一次方案讨论会上，来了几位家具专业的专家学者。他们听完我的阐述后谈到，我设计的璞椅有明显的汉斯·瓦格纳作品的影子，还运用了日本知名设计师佐藤大《柴之美》作品中劈叉的元素。我当时觉得很委屈，自认为是原创设计的产品，在很多细节上也都有自己的独特想法。可能这一切都是我一厢情愿的想法。老师的评价也不无道理，他们并没有说我抄袭，只是提及有某些影子而已。

反窥自己，发现在生活中有些物品的印象早已先入为主，可能是我设计得还不够好，没能凸显自己的设计语言，或许我对原创设计的理解是狭隘的。纵观这大千世界的产品，有多少设计真正做到了原创，又有多少原创是有价值和意义

001
璞椅

002
方案一效果图

003
方案二效果图

的。有时为了原创而原创，就会让产品本身存在的意义发生扭曲。

设计达到怎样的程度才能被称之为原创，我想这取决于谁来定义。每个人摄取信息的能力有限，原创的界限也相对模糊。每一个设计师都不可能在真空中创作，他们是饥渴的求索者，大量浏览前人的作品，并从中获取创作的素材和灵感。在原创这条路上，似乎我们踏上哪个方向都会发现，早已有人在那里安营扎寨了。比如，丹麦家具设计大师汉斯·瓦格纳一生设计了近 500 把椅子，其中很多已成为经典，但汉斯·瓦格纳也深受丹麦现代家具设计开山鼻祖凯尔·柯林特和中国明式家具的影响，从他的设计作品中也能看到很多丹麦家具的处理手法和明式家具的形式要素。从这个角度来说，原创对于现在这个时代似乎并不存在，我们都是用旧有的元素，重新进行组合罢了。

卢老师也给了我两个提议：一是我的执念太强，导致我围于先前的设计框架，没有跳出来，必须打破才能获得重生；另外是我可以坚守自己的执念，将其原有的特色发挥到极致。于是我选择抛弃对原创的执著。好的设计是为了更好地解决生活中产生的问题，让生活变得更美好，这恰好也是设计的价值所在。此外我也要坚守劈叉元素的运用，力求突破，继续在创作新椅子的路上努力着。

起初的理念来源于老子在他的著作《道德经》中提出的"道生一，一生二，二生三，三生万物"，它阐述了宇宙生成的规律，而我们的家具产品大都是木材制作而成。大树吸天地之精华，也遵循着自然法则。如果将这种木材的自然特性和万物生长的哲学概念引入我的设计中，就可以传递对自然的尊敬。在造型美学上，我将传统书画作品中的气韵连通、收放有度和线条的变化融入椅子的线条设计，让它的外在形式具有韵味和连贯的整体感。

我在设计上做了一些减法，去除那些不必要的装饰，希望设计出来的椅子更加简约耐看，比如在保证舒适性的情况下，去除了靠背和椅面的皮革。为了让椅子保持一定的舒适度，我又测量了一些大师名椅的尺寸，并采用计算机三维扫描仪对人体曲线进行研究，分析相关数据得出符合人体工学的椅子尺寸和数据。比如，椅子靠背的斜度为 107°，坐高为 435mm，坐宽为 480mm，坐深为 486mm，扶手到椅面

的高度为 250mm。让坐高、扶手高度、椅面大小、靠背受力的面积和角度尽量在人体舒适的尺度之内。椅子座面也设计为前高后低，中间略微往下凹陷，这样使得人坐在上面便不会往前滑动，椅面前面的边缘有一个向下的弧度，可以保证使用者长时间坐在椅子上，不会产生腿部麻木的现象。

新方案的最大亮点是扶手与前腿、后腿在视觉上，犹如一根木头被劈开后生长而成，有种浑然天成的感觉。这些流动感的曲线增加了制作的难度，也对制作工艺提出了挑战。在制作前，我打印了 1:1 的图纸，同时用 3D 打印技术制作了一把 1:5 的椅子模型。我与木工师傅多次进行形态、尺寸以及结构、工艺的讨论，尽量减少制作中的误差，更好地复原图纸的设计。另外有些部件衔接的地方，期初是想运用传统的榫卵结构来连接，随后发现尺寸上行不通，经过多次商讨和实验后，选择了新型的多米诺连接结构，很好地解决了这个问题。

我将这件作品取名为《木二椅》，木二是"Mua"的谐音，在网络用语里表示亲吻的意思，希望这把椅子能够传递温暖，让使用者拥有一颗爱物之心。

卢老师对这次的设计提案，也相对满意，但仍有部分不足之处。这里归纳为以下几点：第一，横枨的 T 型结构与整体造型的融合性不是很好，可以考虑将前面的横枨复制到后面，这种前后的横枨设计在结构上既保证了牢固性又简约美观；第二，椅子的靠背弧度过大，靠背的两端过于靠前，会影响手肘的活动范围，另外靠背部分与人体背部的接触面越大，使用起来越舒服，靠背的厚度（截面尺寸）由原先的 80mm 可以增加到 100mm；第三，椅腿的直径原先为 30mm，前后腿一样粗细，看起来略微显得单一，缺少变化，可以将前面两条腿的直径改为 40mm，这样既有变化，也增加了腿部的强度；第四，从侧面看，前腿与后腿之间的横枨中间略微下倾，这形态原本是从明式圈椅壹门牙板的造型提炼出来的，这里的下倾弧度给人感觉椅子太过于柔软，让人感觉有点复杂和多余，可以变成直线。第五，之前运用传统的榫卵结构和多米诺结构，在强度上还有所欠缺，且在造型上没有达到预期效果图中浑然天成的效果，后期打算运用热弯压木材的工艺在结构过渡处做起承转折的变化，隐藏部分节点，增加牢固性的同时兼具美观性。如果还有机会，我会针对以上问题对作品进行一次较大的调整完善。

作为一个设计师，并不一定要执著于作品是否为原创，只要你所设计的产品能够被大众接受和喜爱，让人们因这件作品而拥有一颗爱物之心，并提升他们的生活品质。做到这样并非易事，就拿椅子设计来说，满足坐的功能性很简单，能够不断挖掘产品的内在价值，将文化、创意和工艺高度协调地融入椅子设计中，就有一定难度了，家具应当适合现代人的生活方式和观念。

回想工作营一周的学习，充实、美好、感动。卢老师的倾囊相授让我对设计有了新的认识，让我对作品的细节有更高要求，做出更高品质的家具作品。同学们在讨论会上直抒胸臆，犀利地指出问题所在，收获了满满同学情的同时又吸收了很多跨领域的知识，这恰恰又是另外一道风景线。未来我将努力拓宽自己在各领域的知识面，比如建筑、空间、艺术、宋代美学研究、哲学和家具设计等，寻找到自己的设计理论体系，并通过一些作品，来不断验证这个理念。

丹麦家具设计大师汉斯·瓦格纳曾说："制作一张好的椅子，是一份永远还没完成的工作。"或许优秀的设计师最想追求的并不是原创，而是通过设计解决生活中的问题，让生活变得更加美好。作为一名设计师，跟进时代的需求，不断学习、改进也是一种自我创新，而这种创新之下的产物就是设计存在的价值，它是一场永无止境的进化。

成熟的思维是怎样的？

徐璐 | 勺椅、半桌

勺椅是一把三点支撑的餐椅，回归"坐"的基本动作和功能，整体采用数控榫接和精雕技艺。半桌结合了办公与读书两种状态，腿部采用快装五金件，解决了大件家具的复杂组装与运输问题。

材料 黑胡桃、橡木、皮革
尺寸　515mm×450mm×825mm（长×宽×高）
　　　515mm×450mm×825mm（长×宽×高）

对于成熟思维的思考，我一直在途中。也许，成熟的思维正是我们对这个世界无知的印证；也许，承认自己的无知也是某种程度的成熟思考。成熟的思维不是一种定式，摒弃教条式的循规蹈矩，褪去让我们变得无趣的外衣。

化繁为简

我常常感叹，我们每天习以为常的筷子是多么伟大的发明，简简单单的一双筷子足以改变人类文明的进程。用两根木棍取代了我们的五根手指，以极简的方式代替了双手，从原始的工具发展成更为优雅的就餐方式。这种简洁的设计一直延续了三千多年，朴实无华又大繁至简。

被称为"京城第一大玩主"的王世襄先生，一生研究古典音乐、字画、明式家具，秋斗蟋蟀，冬怀鸣虫，挈狗捉獾，皆乐之不疲，种种乐趣皆只因喜好——玩。那种儿时的心态，是心无杂念、无关成败的。在这种朴实无华的原始驱动下，玩得透彻、玩得明白就变得充满动力和理所当然了。

我也常常用"玩"的心态去应对身边的工作与生活，以最朴实的视角看待每一个问题。当我尝试心无旁骛地去寻找答案的时候，我发现很多看似复杂的问题也许只是被表面的迷雾所蒙蔽，而设计这个职业所要面对的问题往往复杂，迷雾重重，如何拨开迷雾、抽丝剥茧地看清事物的本质，化繁为简的思维就变得至关重要。

在我最初的构想中，要重新设计一款餐椅。我希望能回到坐这个动作本身，那么椅子在这个动作中应该起到一个容器的作用。尽管我们的每个人存在着或多或少的差异，椅子也应该可以恰到好处地容纳我们的身体。就像我们每天都在使用的勺子，一个看似简单的形态，可以承载着各种流体、固体的食物。因为这种想法，"勺椅"这个名字也由此而来。

既然要容纳身体，它最重要的功能便是舒适度。我们的身体存在个体差异的背后也一定存在着共通性。身材取决于内部骨骼，而骨骼的生长是有规律可循的。从人机工学的资料中可以了解到，我们的脊椎有4个生理弯曲：颈曲、胸曲、腰曲以及骶曲，它们组成了一条类似海马身形的弧线。而与舒适性最直接相关的即为腰曲，合理的腰靠应该使我们的腰曲处于正常的生理曲线，从而减轻肌肉负荷。因此在腰曲部分，确切来说是在第 4～5 节腰曲的位置，提供至少两点的支撑来承载我们的腰部压力。从腰曲继续往下，为了给骶骨和臀部留有足够的后凸空间，座面与靠背底部之间需要 125～200mm 的间隔。靠背的倾角同样会影响到我们在坐姿中的放松程度，因为当身体后仰时，身体的负载自然地移动到了身体背部的下半部分以及大腿部分。当座面夹在 110°～120°之间时，身体上部分的重量大部分被倾斜的靠背所承载。之后便是座面的倾角，因为靠背的后倾，为了防止我们的身体逐渐滑出座面，座面会有 3°～5°的后倾，同时座面后倾也可以减轻坐骨结点处的压力。座面深度为 350～400mm 之间，座面高度以 380～450mm 区间为佳。这些数据可以通过很多途径轻松地获取。

以数据作为前期调研的参考，但这绝不是我们设计一款椅子所需要的精度，我还需要在这些数据区间里作出精准的选择。筛选的方法很多，我采用的是制作1:1的原理模型。对身高 158～185cm，体重 85～180kg 的6位测试人员的身体数值进行点状分析，再反馈到模型上面。如此反复，

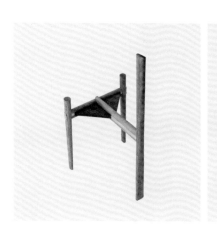

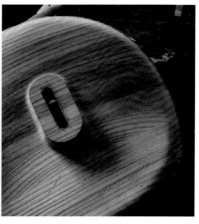

002
人机工学
数据测试

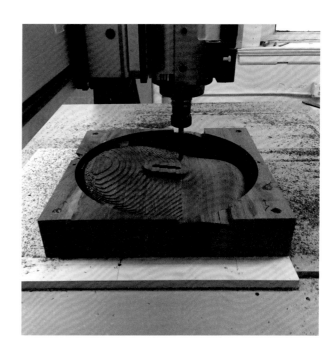

001
全尺寸
结构测试

003
CNC
数字精雕

通过真实的感受以及对目标人群的测试达到筛出确切数值的目标。

退后几步

接受过素描训练的人一定有过这样的经历，当我们在细致描绘某个场景时，一定要时不时地退后几步，以观察画面的整体效果。我想这后退几步的动作有两层含义：其一，就是对画面全局的把控，构图、节奏、景深以及要突出的重点；其二，是一种角色的转换，从画者到观者的转换，从局内到局外的转换，这种转换带来的是不同角度的思考。两三步的距离足以让我们置身事外，从而敢于取舍。

司空图在《二十四诗品》中提到"超以象外，得其圜中"，是用来形容诗文绘画所追求的意境，超脱于物象之外，而得其精髓，这应该也同样适用于我们对设计的思考吧，在对细节进行关注与深思后，从整体考量作出取舍。

我试图退后几步，想象勺椅的使用情景。作为一把餐椅，它不同于办公椅或是沙发，舒适度问题是与使用方式关联的。我希望人们以一种相对端庄的姿态去使用它。当我们就餐时，身体呈现的更多是与桌面垂直的状态。座面和靠背的夹角需要与舒适就餐姿态进行良性的博弈，并取其恰当的参数。在我的测试中，96.5°的夹角可以很好地让姿态保持端庄，同时亦有舒适度可言。双臂的动作也以桌面支撑为主，因此大胆舍去餐椅的扶手，它并不是必需的组成部分。

勺椅的最终形态是由三条腿的框架组成，这也是被很多人提及的问题。三条腿的稳定性是否有缺陷？存在侧倒的风险？为什么不做四条腿呢？不可否认，三条腿的支撑和四条腿相比的确存在不足。但当我回到椅子最初定位的时候，当我把三条腿的力学角度做到最优的时候，当使用者以一个端庄的姿态使用的时候，我便可以很快地做出取舍。

断臂维纳斯

我们姑且相信断臂维纳斯这美丽的传说，当阿历山德罗斯听到欣赏他作品的人称赞维纳斯的手臂是如何精美绝伦的时候，他果断地挥刀砍断了维纳斯的手臂，以坚持整体的和谐。阿历山德罗斯对是非良莠有着他的标准与坚持，可以让残缺诉说美。

我们可以从一个有趣的自然现象中窥探一下上帝的思维。在灵长类动物中，只有人类的皮肤没有被厚重的皮毛所覆盖。在远古时代，御寒成为了人类的一大难题。是否正因为这样，人类才学会了如何用火，继而学会了烹饪食物，猎杀动物并取其皮毛制作服饰，以及后续一系列人类文明的演变。上帝创造人类的时候，这个举动是他的疏忽还是刻意而为？也许上帝认为当下的缺失能让人类智慧更快速地发展，而他也预料到了这种发展的可能性。我更愿意相信是后者。

对与错、好与坏看似是一个简单的选择题，当我们刨除上下文的关系去评价一篇书法中的某个字时，是非良莠就变得不那么客观与公正了，这上下文的关系可以作为评判的标准也往往是我们最容易忽视的部分。也许我们对上下文的理解可能存在着一千个哈姆雷特，也许好的选择从来不只有一种，成熟的思维才可以不断地更迭。

对于勺椅的良莠，不同的使用者会有不一样的评价。人们在评判它的时候凭借哪些标准？我认为每一个物品都具有自己特定的性格，这个性格也决定了它会吸引到怎样的受众。在这个层面，设计师可以有更自由的发挥空间。

当勺椅被使用的时候，它能够很自然地退到配角的位置。而当它独立存在的时候，又能够具有雕塑般的灵动美感。如果仔细观察的话，勺椅鲜有平直的线条，大多是通过弧线曲面的衔接。这不仅仅是为了呼应座面与人体脊柱的弧度，让勺椅的整体造型更加统一，更是出于每条弧线背后有对功能的诉求。例如勺椅后腿部位的截面造型从上、中、下，分别是由纵向椭圆、到圆、再到横向椭圆的过渡变化。上部分的纵向椭圆是为了更好地支撑靠背向后的压力，中间部分相对较粗的圆形是为了更好地衔接到两条前腿的横枨，下部分横向的椭圆是为了提高勺椅侧翻而设计的支撑。

在材料的选择上，我更倾向于木材这种天然的材质，温润亦不失细节。在遵循材料本身使用规律的前提下，技术的发展允许我们尝试更多的可能性。在生产制作的环节中，我选用更加现代的三维数控机床加工成型。相较于传统的木工工艺，数控加工可以允许我在形态上做更多的变化，同时也能够保证对人机工程数据的准确度，即使在勺椅的底部我也尽

004
腿部
结构测试

005
最终版本

可能地做到不留死角。最终实现大批量的标准化生产。

我们对于美好事物的追求是否可以不设上限，对于不合理的事物是否应该零容忍？在对细节的追求上，我毫不含啬。

理念的延续

半桌和勺椅的定位并非搭配使用，只是在思考方式上延续勺椅。它们的共性在于对细节的处理。设计语言同样以功能为出发点，遵从"形式跟随功能"的理念，在每一个细节的斟酌中剔除所有不必要的元素。使得产品在最终呈现时，不仅满足了功能的需要，同时也给使用者带来更多的视觉变化。

半桌是在卢老师设计工作营期间的作品。我希望制作一款书桌，既可以满足日常办公的需求，同时可作读书嚼字之用。取名"半桌"，希望两种模式可以互相切换，取半舍满。

当我发现这两种需求在当下生活中密不可分的时候，我便将精力放在了对使用区域的规划中。一个书桌需要同时容纳电脑办公的场景以及读书、书写的需求。起初是想通过抽拉的方式来延长整个桌面的使用面积。将桌面分作两层，中间通过滑轨连接。当我们希望从电脑等电子设备中解脱出来时，可将整个上层桌面向后滑动，从而出现的一面由织物或是纸质装裱的下层桌面用于阅读。

在与卢老师和同学们沟通的过程中，大家也为我提供了很多建议。比如，通过桌面翻转的方式将两种场景进行切换。但这种使用方式是否更适合我们的使用习惯，是否还存在一种更为自由的方式，让两种模式可以自然地融为一体，同时降低我们在使用时因切换模式而造成的负担。

也许可以通过材质的区域划分，来有效获得我想要的效果。书桌的前三分之二部分采用皮革包裹，当阅读与书写时，可以提供充分的空间和舒适的书写体验。后三分之一部分采用与书桌同样的木质，用于电脑等办公用品的摆放，这也适合我们面对屏幕的距离。同时在这个区域给各种电子设备所需的电源线预留空间，避免杂乱的线绕在桌面背后，也允许桌面可以靠墙摆放。

相对较大的实木书桌往往存在着运输成本高昂、组装烦琐的

问题。我亦将书桌的桌面与桌腿做了可组装设计，通过嵌入式的金属配件，每条腿与桌面的衔接仅需一颗螺丝便可快速组装。同样采用曲线弧面的连接造型，最大限度地规避了因组装而造成的形态断层。

半桌的桌面采用了四边 5cm 宽的桌沿。桌沿的造型与我们小臂的肌肉弧线相呼应，即使长时间的伏案工作也会减小对小臂造成的压迫。桌腿的截面造型从上而下，是一个从水滴形态到圆的变化。水滴的形态是为了满足用于桌面连接的内嵌金属件和定位所需的金属销，而底部的圆形截面是为了满足球形端头，从而更好地保证腿足与地面接触后的稳定性。

在设计的过程中，往往需要反复纠正。成熟的思维是帮助我们纠错的工具。我常常在想，设计的工作宛如画一个圆圈，而设计思维便是这圆圈内外的留白。当设计完成时，这不着痕迹的留白，才是这个圆圈最好的呈现。

007
半桌与勺椅

坚信的成果

徐倩 ｜ 本草·香留

将中草药的非药理性作用，运用在日常用品中，
制成扇子和灯具一系列产品，药味的挥发可驱虫、安神。

材料 中草药、构树皮
尺寸 220mm×220mm×3mm（长×宽×高）
300mm×300mm×150mm（长×宽×高）

"我们希望你重做、改进并实践你在申请书中展示的名为《中草药手工防虫纸》的作品，或者是其他您希望借此机会重做、改进并重新实践的类似作品。"

——《卢志荣设计工作营录取通知书》

2019 年 5 月 1 日

今天，我收到《卢志荣设计工作营的录取通知书》，喜悦并疑惑，在 6 天的课程里，如何完成一个传统材料的实验及成品展示？因为我从来没有想过，时隔 4 年会再次将毕业设计的作品拿来深化。回想以往的工作，作为一名在职的产品设计师，我时常以为产品设计出来，就是项目的结束。

2019 年 5 月 14 日

今天对卢老师提出了我的疑问，6 天的课程，最后我是做一个传统材料的实验，还是做一件产品？这么短的时间，我觉得自己做不了什么。

2019 年 5 月 17 日

这几天都在上课和讨论中度过，我一边倾听老师和其他同学的主题讨论，一边跟上大家的进度，思考设计以及设计之外的东西。慢慢我发现，卢老师和我们探讨最多的，不是该如何修改作品，而是常常反问我们，"你喜欢现在的这个作品吗？它达到你的心理预期了吗？"我突然明白，我为什么要纠结于在 6 天的时间里完成一个作品呢？作品最终如何，怎样呈现，其实一直都是自己需要思考并解决的问题。工作营的目的不一定是展示某个具体的成果，我们每个人在工作营的挣扎过程也是一种成果。

2019 年 5 月 18 日

今天是工作营的最后一次汇报，我给了卢老师一张可以任意揉皱的纸。经过 6 天的持续探讨，我明确了深入的方向。围绕中草药和传统纸的材料特性，我可以利用"扇"的动作来加快中草药对某一个环境的影响，于是联想到了随身携带的扇子。利用驱虫的特点，联想到了衣架，药味可以起到保护衣物的作用。利用"受热"可以使气味挥发的特点，联想到了灯具，余温对中草药加以刺激，散发热量，将中草药的气味扩散到整个空间……

我决定将产品方向锁定在扇子和灯具，继续往下做适合产品特性的材料试验和成型工艺的研究。

2019 年 5 月 25 日—6 月 9 日（实验记录）

这段时间，对于材料本身，我重新去梳理了中草药和传统纸的特性。

1. 中草药

问题一：中草药的非药理性作用除了防蚊驱虫，还有哪些？

中草药的药理作用这么广泛，除了食用对身体的药理疗效，还有散发气味对环境作用的非药理功效。对于中草药的非药理性作用不一定只局限于防蚊驱虫，在翻阅大量的中草药相关典籍，重新了解中草药的非药理性作用后，我发现安神醒脑、除臭抑菌也是可以衍生的非药理性作用。于是我根据中草药的性味、归经对具有上述功效的中草药进行了分类。

问题二：选择哪种适合的材料辅助中草药成型？

中草药不易成型，必须选择合适的材料来辅助它成型并散发气味。如果搭配具有污染性的材料，就会背离中草药的纯天然环保特性。纸是一种可塑性很强的环保材料，可以衍生的产品很多。

2. 手工造纸

问题一：如何手工造纸？

中国传统的造纸技术均为手工完成，选用竹、麻、树皮等植物纤维为原料，经过浸泡、发酵、蒸煮、漂白、打浆、抄纸、干燥等 10 多道工序。

手工造纸的过程遇到的问题很多，首先是在选料方面，中国传统的手工造纸的原材料就很多，有竹、构树皮、青檀皮等等，原材料的不同，造出来的纸张也略有不同。其次需要解决抄纸和贴烘的工艺问题，抄纸需要使用到抄纸帘，我购入作坊已用废的抄纸帘回来进行改造并反复练习抄纸技艺，以抄出一张厚度均匀的纸张为准。然后是贴烘工艺，传统的工艺是将湿纸逐张扬起，并加以焙干。我采用沥干水分，在阳光下暴晒的办法。

选　　　　称　　　　搅

选	称	搅

3. 中草药纸制作实验

实验一：中草药以不同形态加入纸浆中的效果分析

- **实验材料：** 中草药（灵香草、灵香草粉）、纸浆
- **实验流程：** 灵香草加水煎汤过滤，灵香草粉加热/温水搅拌过滤 → 准备纸浆，倒入槽内加水加药汤化开 → 用抄纸帘在槽内抄纸 → 倒扣在板上，将纸沥干，放在阳光下晒干 → 闻纸的气味
- **实验分析**

材料	处理方式	结论	
		1 天	15 天
纸浆 + 灵香草	灵香草加水煎汤过滤使用	表面光整 气味偏淡	表面光整 气味变淡
纸浆 + 灵香草粉	灵香草粉加水搅拌使用	表面粗糙 气味浓郁	表面粗糙 气味浓郁
纸浆 + 灵香草粉	灵香草粉加热水搅拌过滤使用	表面光整 气味适中	表面光整 气味变淡
纸浆 + 灵香草粉	灵香草粉加温水搅拌过滤使用	表面光整 气味适中	表面光整 气味适中

- **实验结论**

通过这一实验可以看出：

①中草药加水煎汤后过滤药汤所制作出来的纸张，气味会随着时间的变化挥发得越来越淡；

②在造纸的过程中直接加入药粉比过滤药粉所产生的气味更浓郁，加入药粉的量越多，纸上粉末的覆盖率也就越多，纸张的表面越粗糙，韧性越不佳；

③中草药粉加温水制作出来的纸张气味比加热水的更宜保存。

实验二：中草药纸的颜色肌理测试分析

- **实验材料：** 中草药粉（薄荷、灵香草、高良姜、远志、夜交藤）、构树皮纸浆
- **实验流程：** 准备纸浆，倒入槽内加水化开 → 加入中草药粉搅拌过滤 → 用抄纸帘在槽内抄纸 → 倒扣在板上，将纸沥干，放在阳光下晒干 → 观察颜色和肌理

- **实验分析**

灵香草	薄荷	远志	夜交藤	高良姜

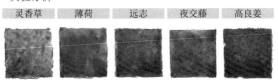

- **实验结论**

通过这一实验可以看出：

①中草药不同，颜色也会不同；

②增加中草药粉的用量，纸张的色泽就会加深；

③增加纸浆的用量，纸张的色泽就会变浅；

④纸浆纤维长短不一，纸张的表面肌理也会有变化。

4. 中草药纸在扇子上的应用思考

常见的扇子有蒲扇、折扇、团扇等，传统做法是纸、绢、丝等材料附着于木头或竹子扇骨上制作而成。初期我用扇骨加扇面的方式制作扇子，扇面可以使用实现批量生产后的中草药纸，从而代替传统扇面材料。扇骨也可以结合中草药纸的肌理来做成叶脉或翅膀的框架。

这半个月的时间里，我把大量的时间用在了研究如何更好地实现中草药纸上，在满足中草药的非药理性作用的同时，也要发挥出纸的特性。大量的试实操作，让我基本可以控制纸张的韧性、质感、色泽、气味等变量，为产品研发做好铺垫。

2019 年 6 月 19 日

今天，是继工作营结束后，再一次与卢老师讨论方案的日子。我带着半个月里的实验成果与老师交流。当老师反问我，扇子为什么一定要依托支撑材料？纸为什么不可以直接做成扇子？我就在思考，扇子就是纸，纸就是扇子，我觉得自己的思路慢慢打开了。

2019 年 7 月 6 日—8 月 24 日（实验记录）

顺着如何让纸独立成型的思路。我联想到可以通过让纸厚、变硬的方式成型。传统的抄纸过程中，是将竹帘重复荡料与覆帘步骤，使一张张的湿纸叠积上千张，然后加木板重压挤去大部分的水，再将湿纸逐张扬起，并加以焙干。那我也可以通过叠加多张湿纸的方式，增加纸张的厚度和硬度，我开始着手去做新的实验。

实验五：中草药纸的厚度、硬度分析
- 实验材料：中草药粉（薄荷）、构树皮纸浆
- 实验流程：准备纸浆，倒入槽内加水化开 → 加入中草药粉搅拌过滤 → 用抄纸帘在槽内抄纸 → 倒扣在板上，重复抄纸叠纸 → 将纸沥干 → 涂抹淀粉 → 放在阳光下晒干 → 测试
- 实验分析

材料	处理方式	结论	
纸浆 + 薄荷粉	叠加 4 张纸	纸张硬度偏软	
纸浆 + 薄荷粉	叠加 6 张纸	纸张硬度适中	
纸浆 + 薄荷粉 + 淀粉	叠加 8 张纸	纸张过硬	

- 实验结论

通过这一实验可以看出：
①纸张叠加到 6 层，厚度和硬度就符合标准；
②在纸张上涂抹淀粉，在一定程度上会增加纸张的硬度。

由于扇子的厚度需要做成渐变的，我采用了圆形，那么需要做一个圆形模板，在抄纸的过程中，我可以通过圆形模板以圆缺渐变的方式慢慢叠加每一张纸张，纸张的硬度也会在每一次叠加、挤压中加固。在手握的部分最厚、最硬，不易变形，并向边缘逐渐变薄、变得不规则。

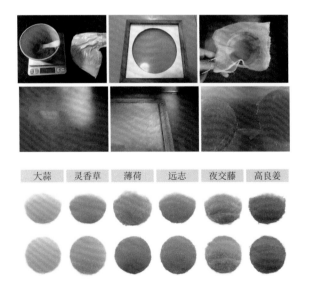

在一次次的材料配比和工艺改进的试验中，诞生了一把又一把不同功效、不同形状、不同颜色、不同肌理的中草药扇子。

2019 年 9 月 9 日
今天我们在上海家具展上汇报方案进展，我带着实验成果与观众交流互动，让更多人看到了中草药手工纸的潜力。

在讨论中卢老师提出了一些建议，中草药除了通过散发气味的方式发挥非药理性作用之外，是否可以与吃相关的功能来结合？或者可以从可持续的方向出发，利用中草药药渣来实现功能作用。中草药纸的设计应用切入点还可以有很多，不只局限于扇子，还有其他更多的可能性。这又是一个可以慢慢思考、慢慢实践的过程。

2019 年 10 月 28 日
今天，"成就自己——卢志荣设计工作营作品展"在广西设计周开幕，为了让更多人了解中草药纸这一材料，我在展览呈现上分了两大类：一类是中草药纸制作的原材料，一类是我做的中草药纸设计应用的部分成果。希望这样的展示方式能给大家带来更多的启发与交流。

后续……

现在回过头来看，不断地设计交流和互动，使我慢慢地走进了自己的心中所想，给自己的疑虑找到了答案。一种材料的呈现、一件产品的展示并不意味着设计的终结。只要坚定自己的信念，一个小小的探索，或许可以启发更多人。

在设计行业里，坚信不代表一定有成果，但是也许可以作为下一个起点的基石，从一个起点慢慢地向外衍生、拓展。我们并不能在一开始就知道自己如何践行，能够收取确定的果实，只能勇敢地去尝试，一步一步地向前迈着步子。事后回顾，才猛然发现自己在前行过程中的积累。我们唯有勇敢地去做，或许在路途中就会看到不一样的风景，有着不同的收获。

004
上海家具展览
细节展示

005
上海家具展现场

133

未来在你们手中

余强 | 生长花瓶

用 3D 打印材料与技术来探索"植物"与"花瓶"为一体的可能性。塑料材质作为骨架支撑，苔藓孢子和活性泥土作为填充物，使用双喷头双材料一体打印，只需通过浇水，就可以自行生长出植物。

材料 聚乳酸塑料（PLA）、复合泥土
尺寸　126mm×125mm×261mm（长×宽×高）

创意来源

"Living Vase 生长花瓶"是个很有趣的项目。

它的灵感来源于对"边界感"的探讨。人与人之间边界感的消逝预示了一段亲密关系的逐渐建立；而物与物之间边界感的模糊，也彰显了一种亲密的融合关系。在现代化的生活中，物与物之间的边界开始被模糊。比如当包装可被食用，食物和包装的界限就被模糊了，包装是食物的一部分，食物也包含了包装这一部分。探寻如何模糊物与物之间的边界，达成亲密关系的建立，是一种有趣且可以产生价值的设计探索。

Living Vase 要探索的就是"植物"与"花瓶"之间的边界关系。我和团队从 2017 年起陆陆续续开展阶段性的研究。

3D 打印技术为我们所设想的融合提供了一种可能性。我们试图使用硬性材料作为支撑骨架，将植物种子及其生长所需的土壤、无机盐等复合成软性材料进行填充，利用双喷头共同打印的 3D 打印机进行制作，这样就能打印出植物与容器一体的"生长花瓶"，只需通过浇水就可以生长出植物。

设计进行时

我们面临的第一道难题就是复合材料。硬性材料可以选择使用工程塑料，但软性复合材料只能自行研发。复合材料不仅需要包含植物的种子及其生长所需的养分，还需要具备一定的黏性、硬度和保水性来适应 3D 打印时的环境。经过初步研究，我们将复合材料的组成分为植物种子、土壤基质、黏合剂、稳定剂和水。

在植物的选择上，考虑到硬性材料的打印喷头精确度较高，而植物种子普遍颗粒较大，为了使双喷头能够降低难度并相互配合工作，我们将植物锁定成了苔藓。苔藓依靠孢子传播繁衍，生命力极强，是植物材料的最佳选择。

经过对几种不同土壤颗粒的分析后，粉粒的特性脱颖而出。它的直径与物理性质介于砂粒与黏粒之间，通透性比黏粒强且略有黏结力和可塑性，适合作为软性材料基质。

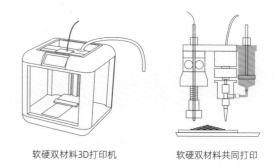

软硬双材料3D打印机　　软硬双材料共同打印

OOI
机器概念

对于土壤的黏合剂与固化剂选择用糯米胶和木糠粉作为实验材料，在通过不同的比例混合研究后发现这两种物质虽然增加了土壤的黏性，但是可塑性不够。糯米胶比例较高的情况下会导致后期吸水率过低，不利于植物生长。后续实验中又陆续使用了黄原胶、卡拉胶等其他材料。另外，为了让材料在后期不出现霉变迹象，还需加入适当比例的杀菌剂。在进行了反复多次的提出假设和不同配比的实验后，我们终于制出了符合初步预期的复合材料。

在材料研发完成后，紧接着要应对的是技术研究。通过调研我们发现目前已有的双喷头 3D 打印机大多是用于同材双色的打印，无法满足我们的打印需求。因此我们购入了一台开源的双喷头 FDM 型 3D 打印机并计划对其进行改造。改造的内容包括料体存储、进料系统、喷头等相关的硬件。

FDM 型 3D 打印机是利用熔融沉积法来进行生产的，而软性复合材料不需要经过熔化再凝固的过程，所以先对控温模块进行程序修改，让该喷头不需要预热即可直接打印。

由于软性复合材料的送料方式和硬性材料不同，所以在原本的喷头上外接了送料软管，连接压力泵和储料室。为了让压力泵能够完美组装上，我们对机器进行了测量并打印了塑料压力泵，但很可惜使用过程中发现塑料压力泵强度有限，只好替换成了钢材压力泵。

解决了压力泵后，送料软管的难题接踵而至。导管过长导致压力不够而无法顺利送料，我们通过测量机器工作时喷头的移动范围计算出了最短距离，尽可能地解决了压力问题。

至此，这台改装过的3D打印机就可以完成打印工作了。我们用这台机器制作了一些小模型，还拍摄剪辑了视频来记录研究的过程和实验结果。

虽然研究取得了一定的成果，但是与我们的最初设想还有一定距离。苔藓材料只是一种选择，我们更希望将打印植物的种类拓展到更丰富的观赏性植物。这不仅仅需要3D打印机喷头直径的扩大，还涉及打印程序、机器结构和双喷头之间的配合问题，研究也还需要进一步的持续深入。

但这并不妨碍我们对于产品形态的设想，我们设计了墙面装饰和桌面收纳系列产品。在满足观赏性的同时也希望考虑到产品的功能性价值。

参加工作营

随着团队成员的陆续毕业，Living Vase的研究也告一段落。直至我报名参加工作营，卢老师从我提交的作品中将它挑选出来并希望我能继续深入研究。在第一天晚上的汇报中，我听着来自不同设计领域的学员们汇报自己的作品直至深夜，他们大多是比我更加年长的前辈，也都是比我更加成熟的设计师，带着对设计的初心和热忱，相互探讨，热火盈天。彼时我还是带着疑惑不解，卢老师是因为什么挑选了Living Vase。直至我汇报结束，卢老师告诉我，这是个很有想法的项目，天马行空，但又不仅仅是漫无目的的设想，而且我还如此年轻，有大把的时间和精力可以完成它。

工作营短短的7天时间里，我无法在材料和技术上再深入突破，但是可以重新思考在这件作品里，"植物"和"花瓶"的关系。"植物"——苔藓是生命体，生长受到自然的限制，它没有维管组织，只有假根；而"花瓶"——塑料是非生命体，材料因科技的赋予而具备了无限可能。在这段融合关系里，"花瓶"是支撑、是骨架，"植物"则是生机、是血肉，这二者被创造成一个看似冰冷的物体，再在时间的维度下重新孕育生命。制造的过程，生长的过程，都是彼此属性相互影响和融合的过程。记得卢老师说"要善于使用现代科技和

造物方式，它能帮助我们更完美地呈现设计"。在这样的思考下，我设想了新的呈现形式。它像一个不成形的蛋，袒露着自己的结构，植物像细胞一样附着在单元里，宣告二者的结合。

对于我的探索和实验，卢老师总是带着长辈般的关怀和期许，任我继续前进。他总笑着说："在我的有生之年，你承诺要让我看到这件作品。"

工作营结束之后，我把想法化作现实。2019年，Living Vase参加了中国设计智造大奖（DIA），获得了Top225佳作奖，DIA为我寻找到了专业的3D打印技术公司，提供了一定的技术支持。如今关于Living Vase的探索还在继续，正如卢老师所说："因为你年轻，所以你有足够的时间和精力来实现你的想法。未来在你们手中。"

005
机器打印出的
第一个小模型

006
压力泵改装

007
机器外接软管

008
机器打印模型中

009
墙面与桌面
效果图

不透明的透明

郑戎颖 ｜ 光线灯具

这是一组"石中透光"的灯具。
作品从构思到呈现，经历了材质由粗犷到细致、
光线从反射到直射的转变。
记录了作者对"材质"和"光"的不同理解。

材料 水磨石、光敏树脂
尺寸 90mm×90mm×300mm（长×宽×高）
100mm×590mm×240mm（长×宽×高）
125mm×60mm×360mm（长×宽×高）

当我看到这个题目时，出于某种奇怪的原因，我不禁联想到这么一句话："三宅一生的一生。"仔细往下想，也许矛盾才是更好的答案。

不可遇之遇

何为不可遇之遇？比如，你常用"艺术家"自诩，却机缘巧合地投身产品设计；比如，你认为凡事不用那么刻意，但现在比谁都在意产品转化率；比如，你上一秒还冲着甲方喝道"再多钱也做不来"，下一秒就温馨地提醒手机里的买家"亲，记得提交订单"！再比如，当你多刷了一条朋友圈，就报上了一个工作营……

雕塑科班出身，设计过 40m 高的项目，也做过 80 元一天的泥活。选择混凝土产品创业，多半是因为其制作流程和雕塑大同小异。看似拍脑门的决定却为我拍出了另一扇门。

在一开始，我必须诚实地说，对于设计这件事，我是非常务实的。主要表现于长期运用熟悉的材料、偏爱通俗易懂的造型、改良远多于创新……我甚至妄想当我们的产品遍布全国，就可以毫无顾忌地搞艺术了。

若要追溯为何踏入产品设计这个行业，我的两点动机和其他设计师相比就显得不太严肃，一是我们能做，二是产品能卖。若再深究一步，在产品设计这条道路上我还是有一点点坚持的，也许就是这一点点坚持，让我体会到另一种人生。

温柔的猛兽

应该是对混凝土有了抗体，在申请工作营的文件里我只放了一页和混凝土产品相关的介绍，万万没想到就是这页纸让我入选了……

发明混凝土的罗马人估计怎么也想不到，几千年后的世界已经被混凝土"占领"。事实上，你可能没有见过"森林"，但一定见过"水泥森林"。但你知道吗？这么一个霸屏全世界的"猛兽"，在它凝固成型之前，却温柔随和得一塌糊涂，用一句话让你顿悟——"Be Water, My Friend！"

在别人眼里它粗犷坚硬，在我这里它却急需细致呵护！一块

成型的混凝土，需要准确的砂石比例，舒适到每个 R 角的模具，以及恒温的养护环境。稍有怠慢，它反馈给你的只有"脆弱"。这分明就是一部女儿的养成记，只不过外人看来，她像个假小子。当你足够了解一种材质，你的感受就会和别人有差异。这种特殊的情感不是你发现的，而是材质悄悄告诉你的——它是流动的石头。

流石与冰面

初创时的工作室主要绕着混凝土打转，从稚嫩到成熟是一次次试错堆积起来的。不得不说生产制作很大程度属于经验科学，每一次经验教训都会让之后的制作更加科学。

时间到了 2017 年，自认为混凝土已经做得"挺好"的我，顺势开始了水磨石材料的尝试。混凝土和水磨石，直白到单从字面就能看出制作方法。相较于混凝土的凝土成石，水磨石则需要在此基础上加入更多碎石，凝固成形时是一团混沌，一经打磨却有另一番天地，我像赌玉者一样迫切期待看到每一粒砂石被打磨出剖面的样子。这种既需要细致打磨，又存在偶然性的产物生来有种"七分靠打拼、三分天注定"的畅快感。它就像结冰的湖面，把冰擦干净就能看到鱼。

不出意料的是制作的问题依旧接踵而来，这里按下不表。但自此以后，我们仿佛学会了两条腿走路，即便步履蹒跚也总比需要别人搀扶着强。我猜初学走路时应该就是这种心情。

从有到没有

工作营之前的设计选题中，卢老师希望我以"混凝土和水磨石"作为主题继续展开设计。我总认为人类天然向往发光的东西，并且工作室目前的主营类目正是灯具。很自然地，我把设计的载体确定在灯具上。工作营集结当晚，"自我介绍"环节一直持续到了凌晨 3 点。有那么一瞬间，我往墙角望去，一束光追在角落的圆柱上，映衬出周围的几个人，身线模糊、光影柔和，就像是伦勃朗的油画。

次日，我们需要尽快地确定一个设计方向与卢老师沟通。对我来说，与其在原有的设计中修改，不如重新做一个来得彻底。此时脑中闪现的便是昨夜圆柱与光线下的那一幕，加以整理，我模糊地找到了一个方向——"发光的柱子"。

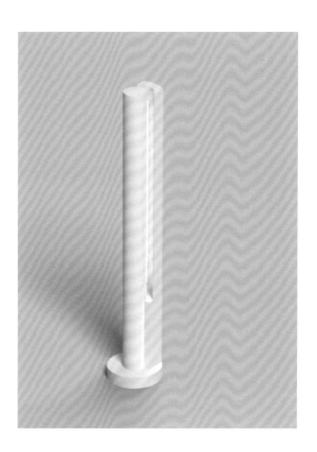

在首次交流中，卢老师从上至下画了3条线，线段两头依次标注着"天——地""明——暗""大——小"，实则对应着"位置""亮度""体积"。"你的灯应该放在什么位置？"卢老师问道，"在设计之前，你该如何定义这个产品？"那一刻，我确信我应该是听懂了什么。

第二次汇报中，我给出了一套混凝土材质的灯具方案。制作上沿用了之前熟悉的做法，总体造型简单、细节略带变化、内外结构精巧，突出"凝土成石"的特质。如果考虑到时间的短暂，这应该是一套我会感到满意的设计。但卢老师却希望我在设计中能够考虑混凝土的其他特质，比如——"坚固强硬"所带来的"给人以安全感的特质"。对我而言这几乎是一种回到"原点"的设问。我故作镇定，但卢老师却笑道："看来我很难说服你。"

坦率地说，"坚固强硬"与我对混凝土的理解是存在差异的，但不可否认的是这种理解更直观，也更容易产生共鸣，我似乎有所动摇。但如果再深究下去，一个材料的"特质"可能有很多，相对于"表现什么"来说，"怎么表现"也是一个突破点。我陷入了难得的纠结中。

在此我要特别感谢卢老师的教导、聆听和包容，正视观点上差异的同时依然尊重个体的想法，并且愿意站在对方的角度上思考。在工作营的尾声，我没有任何明确的方案。

从不透明到透明

工作营告一段落，工作生活中琐碎的事涌上心头，对于方案的纠结短暂地被冲淡了。但挑战如期而至，9月的展览需要我们将工作营的方案以作品的方式呈现。工作营群聊中的倒计时步步紧逼，我用晚上的时间努力拼凑工作营中的所得所想，希望有所进展。

最终，我依然决定坚持让材料以我所理解的方式呈现。当时我考虑得更多的是怎样在完成"发光的柱子"的同时又能让材质的存在显得更有意义。如果水泥暂时难以推进，那能不能用水磨石来破局？

回忆慢慢清晰，我想起与卢老师的交流中曾经谈论起"透明水泥"这件事。所谓"透明水泥"是一种在混凝土中密集地镶嵌入导光纤维的材料。乍看是一堵墙，一旦有光照射，光芒便会透过光纤照射出来，有一种"石中透光"的惊喜感。早在一心钻研混凝土的阶段，抱着"万物皆可混凝土"的态度，我们便曾像模像样地做出过透明水泥。但由于制作难度和成本不可控的原因，这个材料一直搁浅。

做一个"透明水磨石"会怎么样？此念一起，一个观感上更加清澈，发光方式更加特别的形象出现在我的面前。对于"发光的柱子"而言，"透明水泥"自带"透光"的特质可以将光源藏在柱子里，让"发光的柱子"能以最纯粹的"柱体"呈现，去除冗余之后的造型也更适合水磨石制作。

更意外的收获是，"透明水磨石"表面的砂石颜色丰富，让光纤点的存在显得若有若无。同样的光纤点，如果出现在浅灰底色的"透明水泥"上，就会因为过于明显且密集而让人感到不适。见此状况，我更大胆地使用可塑性的光敏树脂取代导光纤维，透光面积增大的同时也更加聚集。终于，光线如素描排线般出现在柱体上。

从透明到不透明

现在看来，这应该是一个更加完善的方案。我可以说"坚硬的材质让破石而出的光线更有戏剧性"，也可以说"精致打磨的工艺与细密排列的光线异曲同工"，甚至是"水磨石表面就是一双双发光的眼睛"……

但这些是真相吗？与其勾勒形而上的东西，不如直视它的制作过程。我尊于内心的感受去设计，但每当我点亮灯的时候，看到的只是光，甚至连材质本身都已经被忽略。

在这篇直面内心独白的结尾，我觉得如此透明地剖析一件事，竟营造出这般戛然而止的不透明感。那些工作营中原本应该清晰透彻的言传身教，到了我的脑子里和所有的细枝末节掺揉在一起，想表述出来却如此不透明。那些解决问题的办法是归功于长期积累？或纯属运气使然？就更不透明了。

最好的光永远是阳光，但它无法陪伴我们度过漫长的黑夜，这可能是灯存在的意义。作为一盏角落里的灯，我更希望点亮它只是为了获得一丝惬意，让更多的探索和发现都能在阳光中进行。

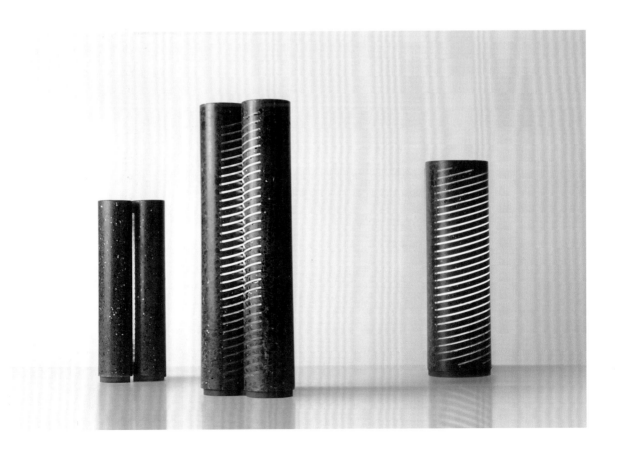

有比大自然更美之美吗？

郑亚男｜从家具中生长出来的植物

作品意在居室中引入自然，桌面中间开槽，
内藏不锈钢盘，盘内盛放土壤、苔藓及野生植物，
多余水分可以在隔空层保存。

材料　白橡木、不锈钢
尺寸　1800mm×600mm×650mm（长×宽×高）

这件作品来自我的毕业设计，出发点是让人们在家具之中感受到自然的存在。生活在钢筋混凝土的城市，人们亲近自然的机会越来越少，但我们内心对自然的向往却是写在基因里的，因为我们也是从自然中走出来的。

带着这样简单的立意，我设计了结合山水意向和盆栽植物的"山高水长茶几"。以剪影的方式抽象出山和水的形态，再用有序的排列组合成茶盘。然后将植物置入桌面，构成一幅山水画面。当人们在使用的时候，或许可以不经意间感受到自然的美好。

在与卢老师的沟通中，他对方案中山水和植物之间的比例提出了质疑，也对整个作品的精度表示出担忧，因为我使用了过多的材料。卢老师建议我去除一些见山是山的直白元素，然后多去了解植物本身的美。同时也给了我一个新的命题和思考角度——从家具中生长出来的植物，让我重新去思考家具和植物的关系。

抛开之前的设计方案，我先从研究植物入手，去了大量的花卉市场进行实地调查和研究。学习从植物的枝干、叶子、花朵和果实中发现植物的美。植物的美是丰富多彩的，会随着四时的更替而变换。初春的嫩芽和鲜花充满了生机盎然的美，夏天枝叶茂盛充满了壮阔之美，秋天红叶翩翩充满了寂静的禅意之美，冬天叶落枝残却孕育着生命的顽强之美。

我向园艺品销售们学习植物的生长习性和养护方法，碰到比例合适、形态美观的植物就买回来试养。经过大量的观察和动手养护，我对植物的形态美感和后期养护有了深入的了解。很多盆栽匠人都是花尽心思去模仿植物在自然状态下的美。看着这些充满自然野趣的植物，我意识到自己要设计的正是承载这种自然美的载体。

这种载体要融汇家具和植物。家具是为了满足某种功能而设计制作的，而植物代表着生命和自然。家具和植物的关系其实就是人造物和自然物之间的关系。植物既要突破家具的束缚、独立于家具之上，又要和家具融为一体。这个载体不需要太复杂，也不需要过多的功能，它只需要满足植物生长所必需的条件，为植物的自然生长提供一个相对自由的空间。

我把这个载体定义成一座和桌面融合的自然山丘，借由它来模糊人造家具和自然植物之间的边界。弧形的山丘上种入植物，在植物周围铺满苔藓。仿佛一座小山丘隆起于桌面之上，山丘之上有一颗植物破土而出。

桌子的长宽比例尽量拉长，让正面在视觉上更加修长，植物位于桌面的一端，这种不对称感让整个桌面有种山水的诗意在里面。为了给桌面上的植物营造一个适宜的成长空间，桌面之上必须有泥土，并且要定期为植物提供水分。

但是木质桌面长时间和水接触会造成桌面的腐蚀、开裂等问题。考虑到这一点，我在桌面的山丘部位掏出一个空间，再嵌入一个不锈钢花盆。为了让植物在桌面空间很好地存活，就必须保证盆土的疏水性。如果植物的根系长时间泡在水中就会造成烂根枯死，于是我在花盆中间增加了一层隔空层，让浇水时产生的多余水分快速地流入隔空层，而不至于污损地面。

在设计落地的过程中我遇到了一些意想不到的问题。首先，由于四条桌腿直接落地，没有过多的结构支撑连接，桌子组装后如果稍微用力推，就会有一些晃动。其次，由于不锈钢花盆的金属板过薄，在焊接过程中产生的高温让花盆出现了形变……虽然有些曲折，但最终都得到了解决。

布展前一夜又是一个不眠的通宵。卢老师亲自上手，指导每件展品的摆放，还和我们沟通成品的效果，每个细节都力求完美。对于我的题目，卢老师也提出了建议，是否达到了主题所追求的意境和效果？

OOI
山高水长茶几

002
上海家具展照片

003
方案效果图

 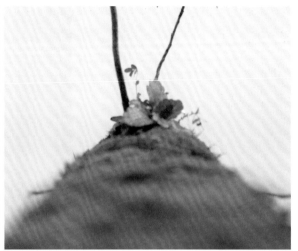

004
植物细节

我回过头来审视这件作品，似乎自己并没有搞清楚概念的含义，就匆忙进行设计。我过分执著于对物的追求，花了太多时间在解决一些表面的问题，而没有对这件作品的意境做深入地探讨，以至于作品和概念之间存在某种混沌不清甚至割裂的状态。过于追究某一个点，而忽视了从更高的整体层面出发去思考设计的合理性。

我开始打开思维，思考"生长"的概念，正是它连接了家具和植物。当一颗孕育着生命的种子落入土壤，它会在土壤的包裹中不断地吸取养分，从而积蓄突破种皮的力量。当这个力量足够时，它就会冲破种皮和土壤的束缚破土而出，萌发出向上的新芽。这是种子对自己的突破，亦是一种融合。因为一旦开始生长，它的根茎便要深扎土壤之中，与土壤不断地融合。只有这样，它才能获得向上生长的养分，根扎得越深，植物才能长得更高更壮。

生长是一个突破和融合的过程。越向上，越向下；越突破，越融合！生长正是这样一个矛盾体，既想要突破土壤的束缚向上生长，以便于得到更多的阳光，又要不断向下深扎与土壤融合，以便汲取更多的养分。

我开始更深入地思考家具和植物之间的关系。可能这件作品更应该表达的是融合与突破之间的关系，更应该探讨如何把

这种关系表达清楚，而不只是某两种不同形态的融合。可能是打破某种具象形态的限制，用抽象的有机形态来表达。它更应该是一种矛盾体，既对立又融合的矛盾体。它可能是规则的人造产品和不规则的自然植物之间的冲突。因为冲突和融合、矛盾和对立才是生长的本质。在这种冲突下才能更凸显植物本身的自然之美，自然之美和人造之美应该是相互冲突又相互融合、相互成就的。

就像工作营一样，既充满了针锋相对的讨论，又让我们在讨论中增加了解，充满了新、旧观念的碰撞。在这种不断的冲突和融合中，我们不断地成长。整个学习过程就是一次生长的过程。我如同一株植物，融合在这个集体之中，汲取营养、积蓄力量，然后突破自己固有的知识和思维束缚，不断生长、向上。

005
细节图

不能加也不能减

郑志龙 | 叠·合

柜体可以通过 7 个模块进行组合、叠加，
形成所需尺寸，以适应不同家庭的置物需求。

材料　白橡木
尺寸　400mm 宽，高度、长度可变

这是一款符合家庭使用的间厅柜，灵感来源于各种叠放的箱子。这款柜子按一定模数而自由叠加组合，随意调整叠放的次序，适合更多的家居空间需求。柜体本身由白橡木制作，45°拼接的地方用了拉米诺连接件（瑞士进口的一种连接件），工艺是实木的板式做法。

参加工作营后我开始重新思考拆叠柜体的连接方式，通过增加的书挡来连接每个单体的柜子，这样每个柜体就通过书挡来灵活叠加。

但还是没有找到柜体真实而直接的改变。最后我试着完全打散这个柜体，回避了复杂的工艺，把柜体按照4个基本的板材规格自由组合，结构连接用白橡实木，其他用板式，通过隐藏的磁感螺丝做结构连接，操作变得简单，形式也更自由多变。

在这两次的改变中，我的思考慢慢从刻意张扬的工艺中走了出来。所有怪兽都安静下来！不能加也不能减！似乎慢慢接近了老师所说的精准的境地。

材料独一无二

材料的独一无二分两个层面，一个是材料本身的独一无二，一个是产品对材料的需求独一无二。最终要做出怎样的产品，设计动机会引导我们作判断。稀有的天然材料会让产品价值变得更高，这就滋生了中国的红木家具产业，一直持续到今天。而我们更多的是用常规的材料做产品，实木是在身边存留时间最长、最普遍的材料。我们对实木的感知，是这片土地带给我们的，天然、踏实、温暖、摸得着。这种最天然的材料，比较符合我们的使用。

全实木非常容易变形，只要湿度不一样，就会产生变化，这

也是它的天然属性。我们一方面要利用木头的强度，一方面又要规避木头的收缩带来的精度问题。在制作的时候，我们选择了白橡木，它的木纹比较干净，色差小，适合大面积使用。并且整个浅色的木质也更显轻盈，容易被年轻的家庭所接受。柜体的结构连接件也采用实木，其他的4个板件都用板式复合，表面贴实木木皮。板式材料适用于不同地区的干湿度变化，从而不易发生变形。只有当基材稳定时最终的家具才能稳定。选用磁感螺丝是为了在柜体上不留下金属构件的螺丝孔，这样从外观上会更加简洁，这也是与常见柜体不一样的处理细节。

技术没被夸张

很多工艺都要经过不断的经验积累和细节上的拿捏。两年前，我做了很多实木的冷压弯曲尝试，并利用这个技术做了很多大尺度的流动实木雕塑，它可以让实木看起来很飘逸、柔软。但是制作过程中出现一个问题，就是在把木头打磨抛光后，会看到木和胶的颜色融合不起来，胶线太厚，这个问题一直没有得到解决。后来听了卢老师的家具工艺解说，才知道我们在用胶的时候与稀释剂的比例上没有做足够多的实验。我之前的很多尝试，卢老师已经在多年前就非常成熟地应用到自己的产品里了，所以才能快速地解开我的误区。

设计之初，为了解决柜体与柜体之间的链接，我们做了很多种连接方式上的尝试。常规的板式家具生产都是用拉米诺连接件和三合一连接件，但最后我选用了磁感螺丝。这个链接件看不到任何预留孔洞，很好地解决了连接问题。这是我们第一次在柜体上使用磁感螺丝，本以为可以比较稳定坚固地解决结构连接问题，但在打板组装出来后才发现磁感螺丝的问题。螺丝对孔比较困难，需要专业人员上门安装。而且磁感的拧力有限，这样会导致柜体摇晃。一般的柜体会用背板做加固结构，但是这个柜体没有背板。为了让柜体在使用

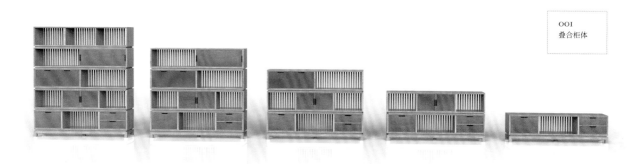

001
叠合柜体

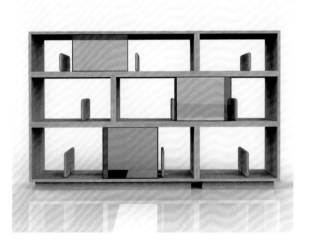

时更加稳固，我们做了改进，把每层的置物盒由分体做成固装，这样整个柜体在活动置物盒的稳定加固下，就变得非常结实。

这些由于经验上的不足导致的问题，是我在开始设计时没有意料到的。不论多成熟的技术，遇到具体问题时，还是要多准备几个解决方案。没有任何一种技术是可以一成不变一用到底的。

工艺没被炫耀

工艺是一切产品的基础，一件好的产品诞生背后往往是对现有工艺的突破与挑战。任何没有从产品需求出发的工艺，都会变成产品的负担，最终也会让产品失去它的内在逻辑。卢老师运用的多层实木压合技术，非常巧妙地解决了实木的弯曲变形问题，同时延展了木材的可塑性。同样德国拓彩岩的选用，既保留了石材的质感，也方便加工和运输。这些都是用新的工艺来解决天然材料的稳定性问题。

工具是手的延伸，对工具的使用需要长期重复地练习，从而增长手的记忆，提高对工具使用的精准度。现代工具已经非常精密，但不是所有问题都可以解决。在实际中存在很多变量，例如：实木横向与纵向的收缩比相差很大；金属加工时的受热会导致金属变形；天然石头没法直接做成桌面，下面必须复合其他的支撑结构；等等。这些都是我们要掌握的基本工艺变量，在产品设计初期就要考虑进去的。

工艺的精准在于我们对参数和变量的把控。在做叠合柜体时，为了让中间的置物盒方便拆解移动，我在每层预留了1mm空位。但当柜体组合后，下层空间受重力作用层层下沉，导致最上面的层板与活动玻璃柜出现了4mm空位。最终只能用1mm的木皮垫高每个玻璃柜体，才让整个柜体保持平衡。这个误差就来源于经验值，预留1mm的经验在这个拆装柜体上是不成立的，后期再版时就会回避这个问题。

实木有天然色差，而木皮在加工的过程中会由于漂白而变白。但初期没有考虑到对这些变量的控制，只能通过在白橡实木上贴白橡木皮做复合，最终统一了柜体的颜色，解决了实木与实木贴皮的色差问题。

非常感谢卢老师对年轻设计师所做的一切，整个过程就像一场美梦，环绕在大师的滋养下。完整而立体地体验了设计、设计人、设计公司所需要的养分，远远超出国内设计教育与职场教育的范畴，让我弥补了之前设计教育的不足。

卢老师精心安排了知名设计师的分享，把音乐和诗歌也并入其中，也是一次由虚到实、全面诠释设计的过程。我们讨论了很多宏大的话题，大爱、诗意、永恒……一件好的产品，应该传递出爱和诗意，这也是产品的最高境界。这是一种力量，可以传承但又抓不住，触摸不到却又直指内心，没有国界，也不分东西。优秀的作品被创作出来，是因为爱，传递爱，分享爱……

我们因为设计梦想而聚集到一起，在从业的过程中，多少都有不同的困惑、不同的需求和想要解决的问题，这是我们联结到一起的根源。卢老师用他的亲身经历，传递出设计师的坚守，创造出我们互利共好的小生态。就像一片原生树林，每棵植物都能在这个小环境里获得养分，同时又可以影响周边的植物。希望这群小树都能在未来长成参天大树。

而我也被慢慢地修缮，逐渐接近了对精准的判断，那是对复杂情况的准确把握、拿捏与诠释。如同诗歌，用最精炼的语言，却得到最丰富的表达！

006
柜体局部

007
叠合柜体

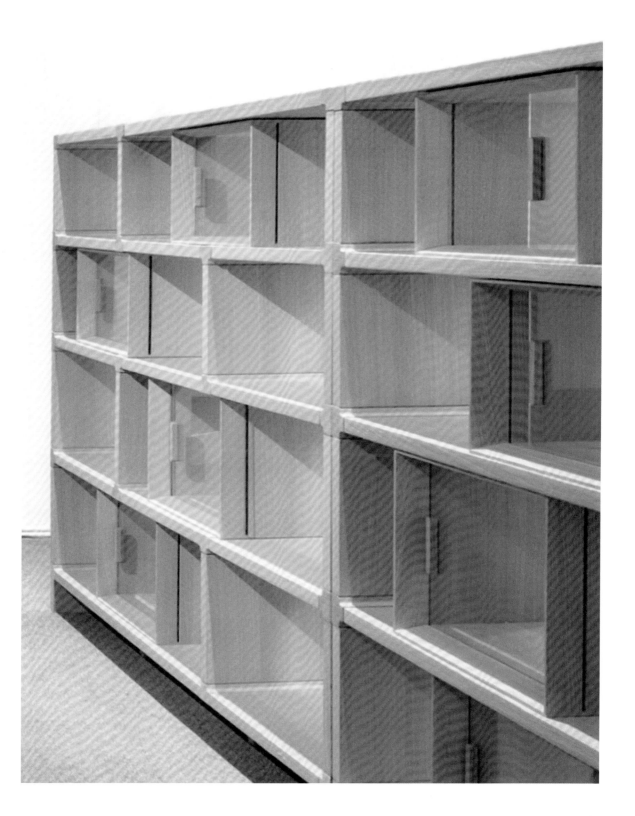

语言的复杂性与矛盾性

朱岸清 │ 关于卢志荣无华展每天 500 字的批评

每天从卢志荣老师的作品中提取不同角度的话题进行评论性实验，
平衡分析性文字与文学性文字的关系和比例，
试图弥合设计学科内部与外部的大众读者。

材料 纸
尺寸 A4

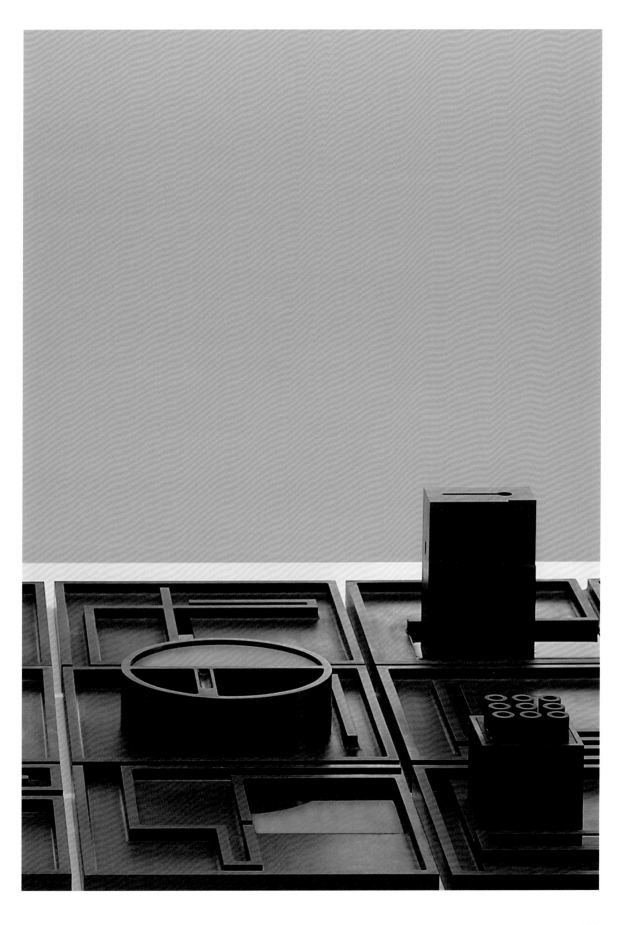

"只有用 70 毫米的胶片才能向人们展示现代建筑的完整面目；这部影片中如同密斯式的玻璃建筑布景里所展现的透明与反射的魅力使得它至今还屡屡成为讨论的热门对象。"

——董豫赣 对于电影《玩乐时间》（Play Time）的影评《时间六像》

语言作为沟通的媒介让人既爱又恨。人们通过语言相识，相知到相爱，也由于语言的强势而掩盖了真实的其他面向，或是主动放弃了其他感官的灵敏性。在导演雅克·塔蒂（Jacques Tati）的电影《玩乐时间》中，刻意地抑制了语言在电影中的分量。电影讲述了主人翁于勒先生初入巴黎，被现代化的世界博览会大楼所震惊。于勒很快就迷失在这座叹为观止的高科技大楼中，精妙绝伦的先进设备、流光溢彩的现代城市景观（Modernist City），让于勒大开眼界。在这部电影中，角色的对话不多，影片并不依靠语言来推动剧情发展，而是在"静默"的场景中，刻画现代都市中的奇妙体验。比如，主人翁步入光鲜的办公楼大堂，手中的雨伞、皮鞋的鞋底在光滑的地面上打滑，摩擦的声音成功地将现代建筑的材料体验（Perception of Material）传递给了观众。在片中当语言被弱化后，"物质性"（Materiality）的细节则被突出。这便是建筑师董豫赣在《时间六像》中谈到的，"只有用 70 毫米的胶片才能向人们展示现代建筑的完整面目"。

评论作为基于语言的表现方式，同样成了爱恨交加的争议焦点，这与 20 世纪现代性的发展有紧密的联系。在 19 世纪以前，对艺术进行评论有悖于主流美学思想，被视为一种"不解风情"的不懂鉴赏的无趣行为。然而，自 20 世纪现代性（Modernity）风靡全球以来，我们对评论有了新的认识，即评论本身也是鉴赏乐趣的一部分。在设计学科内，评论成了思考与设计的有效工具，语言作为一种媒介被用于阐述设计逻辑，描述设计意图，传达设计效果等。但是语言并不是一种被动的中性媒介，它具有极强的表现力。它不是设计的附属品，而是一个具有独立"人格"的个体。由于这种强烈的表现力，它像一把"双刃剑"，在展现自身"魅力"的同时削弱了鉴赏中较为直接的感官刺激（Immediate Sensation）。比如，当我们在欣赏一幅画时，读者可以直接地感受到画面的美，但是当评论介入后，它粗暴地逼迫读者以理性的态度去阅读、分析和理解画面中的各种信息。评论在本质上要求读者摆脱感性的直观体验，进入理性的"智观"思考。这要求读者主动放弃和抑制直接的感官刺激，以

理性的方式对这种刺激作出描述与解释（Description and Rationalization）。

这种基于语言所形成的矛盾性对设计学科与社会大众的关系产生了深刻和长远的影响。由于设计词汇构建了专业术语，当设计师在面对一般大众时，双方在沟通上时常出现"风马牛不相及"的语言错位状态。有时设计师以专业的语言来试图更清楚地解释和说明时，大众反而觉得设计师的语言艰深难懂，即语言破坏了鉴赏的乐趣，抽象的语言加大了专业的屏障。为了逾越这种语境的障碍，专业读者与大众自然地借助了直观的效果图，作为判断设计价值的核心媒介，其本质是将专业术语的评论过程转化成类似审美的感官刺激。这也导致了当前过度追求图面表达的行业现状，即夸张化的、虚假程度较高的电脑渲染效果图（图像亦可以被视为一种赋予修辞的语言）。它作为设计成果的主要媒介得到业主的认可，在这种简化了的沟通方式下，越是精准的图像越有可能过度"真实"（Post-truth），从而造成与客观真实的严重偏差。为此，我们有必要将文字，尤其是将专业语言与大众媒体做有效地弥合，将情感化的语言（Creative Writing）和分析性的专业语言（Analytical Writing）融合起来，相互补充，并纳入设计师与一般大众的沟通体系中。

在卢志荣设计工作营中，我的作业《关于卢志荣无华展每天 500 字的批评》（以下称《评论》），正是基于以上的思考，试图对融合两类语言，从而弥合设计学科内部与外部的大众读者。在为期一周的工作营期间，我试图发现与卢志荣老师的作品有关的话题，并以此话题撰写约 500 字的评论短文，并作为全班同学与老师们的集体讨论环节的框架内容。这里需要说明，评论（Critic）并不是对个人价值观作道德评判（Personal value judgment），具有批判性的评论的价值在于通过多角度去阅读卢志荣老师的作品，并挖掘其背后的智慧，即不以功利的方式提取对象的某种"真实的"设计意图，而是通过合理的假设作出富有创新性的诠释。《评论》是分析性写作结合创作性写作的实验，在试图弥合专业读者与一般大众的语境"代沟"时，我认为有几种策略是比较成功的。

第一种方式，集体画面（Collective Image）。它与集体记忆不同，它更加接近于刻板映像，但是在这里我们希望将负面的刻板映像转化为可以帮助类比的具有一般流通性

001
雅克 · 塔蒂 - 电影
玩乐时间

003
卢志荣
紫荆城的记忆

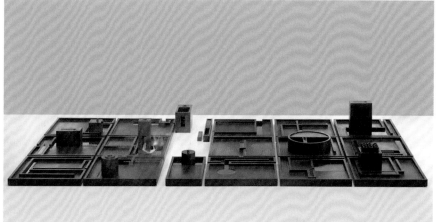

002
哈珀望远镜
深空

004
佐治·蒂里耶
斯坦因别墅厨房

(Accessibility) 的集体画面。比如，在《宇宙学》中，我观察到无华展被设计成了 3 个空间，每一个空间对应一种展品。我同时也发现，在卢志荣老师的作品里，尺度是具有模糊性的，即小小的器具可以被抽象地理解为建筑，甚至更大尺度的物体。这引发了我的思考，如果突破种类对应空间的关系，也许可以用一种更为宏大的、广谱性的展览方式，将所谓的整体设计（Total Design）所追求的多领域融会贯通的特质表达出来。所以这里尝试着运用宇宙繁星的景象，一种大众共有的集体画面，来类比物质均匀分布的扁平化（Super-flatness）概念。通过宇宙这个不可分割的整体意象，与独断专行分割世界的意识作对比，以此帮助读者通过具象的意向来理解抽象的概念。

第二种方式，日常性（Everydayness）。当我们需要将特殊的体验传给读者时，专业性语言往往是体验的反面，它们阻碍了体验的共鸣。设计师需要走进生活的日常性，将日常的体验与作品的体验做某种嫁接，从而使一般大众对熟悉却又新鲜的体验产生共鸣。比如，在无华展中，说明性语言的使用是非常克制的。将其与同期信息量丰富的百年包豪斯展作对比后，我们会发现从语言的运用来看它们完全是两个极端，无华展中刻意地对说明性的排斥，客观上让观众感受到了某种"欲言又止"（Engaging by Withdrawing）的状态。语言信息与作品间的微妙关系，建立了一种非常玩味的观展体验，在《相对性》中，为了表达这类关系，我尝试以生活中常见的衣服与身体的紧密程度，来说明在卢志荣老师

的展览中语言的密度和强度与设计作品的关系，以此说明语言在设计和展览中起到的作用。

第三种方式，延续了上文讨论的效果图的逻辑。为了避免强迫任何一方，设计师或读者，彻底改变自己的表达与接收的惯性。我们也许可以将文字处理成一种直观的、感性的剧本式（Narrative）的信息。将文化的某些片段植入剧情中，其画面感将超越具象的图像本身。在《日常的爱》中，为了表达卢志荣老师作品中所体现出来的某种纪念性，特别是对细部的控制与对多余设计动作的克制，我尝试将爱情关系中的权利关系、控制与被控制作为主题来设计一个简单的剧情，并在其中植入纪念性（Monumentality）与日常性的少许"碎片"，从而将一个高度抽象的专业概念融入直观的感性阅读中去。其中，爱情的控制欲类比对设计的极致把握，桌上的带鱼象征了日常性对纪念性的侵犯。

以上 3 种方式并不能代表着任何磨合专业评论与大众媒体的标准，也无法验证其合理性或者成功与否，因为对于文字的理解是完全开放的，就像导演雅克·塔蒂所认为的："观众的眼睛是开放的。"在卢志荣设计工作营的一周里，我与许多老师、同学都有过热烈的讨论，多元的观点与想法，语言的精确与无解等在思考中不断循环递进。如果专业语言与大众媒体之间是客观且并存的矛盾体，我们更应当且有必要鼓励双方产生碰撞，只有通过碰撞和挤压才能形成集与集之间的交集。

The world used to be a mist for all mankind. As men try to overcome the ignorance of the world, categorization and classification, quick yet lazy ways of reading, are universally applied.

Aha! Now we believe!

The mysterious 'mist' suddenly turned comprehensive under the new 'light' brought by categorization. No! You fool! Our mind is so venerable, which blindly fall into the trap of categorization, an illusion of clarity.

A man far away, walking in silence, thinking in mist. His real face will never be revealed as he is the god of his own world. Now there is a sound approaching us behind the mist, 'Do not try to explain, do not try to understand, do not take away all the joy!' Categorization and classification are the murders of the totality of meaning. When the god creates his own university, the categorization kills the multicity of meaning because of oversimplification and limits audiences' imagination by throwing out definitions.

Aha! Now we doubt!

The exhibition is the devil trying to slice the 'universe' of Loo's creation apart by separating the work into norms such as Architecture, Interior, Furniture and Sculpture. The cosmopolitan meanings of the 'universe' collapse. In contrast, all the pieces are one body. They must be presented in one continuous space and in undisrupted flow of time.

世界对于人类曾是一团迷雾。当人们试图克服对世界的无知之时，我们运用了一种快速但懒惰的方式来理解世界，分类与归纳。

现在我们相信了！

在分类法的光芒之下，迷雾忽然变得清晰可读。然而我们的思想过于脆弱，盲目地陷入了归纳法的副作用所形成的某种具有清晰感的幻觉。

一个人在远处，他走在寂静中，思考在迷雾中。他是其个人世界的上帝，其真实的面容将永远不被揭开。这时有一个声音从迷雾后传来，"不要试图解释，不要试图理解，不要夺走所有的乐趣！"分类法是全面和完整的意义的杀手。当神创造了自己的宇宙，分类法却杀死了其中的多元含义。抛出来的定义是一种过度简化，它限制了观者的想象与诠释的空间。

现在我们开始怀疑！

次展览的方式像一个刽子手，将卢志荣的"宇宙"切分开来，装入设定好的范式之中，如建筑，室内设计，家具和雕塑。割裂的秩序使其"宇宙"中更为弘大的世界性意义被消解。然而，卢志荣的作品是一个不可分割的整体性作品，它必然不可被现代精致专业主义而分割。

It is fair to say that this exhibition provides relatively little information compare to the others . But then we encounter a dilemma , like buying a pair of jeans . A tight-fit pair may exhibit one's beautiful and sexy body lines but so uncomfortable and sometimes even hurts ; a loose-fit pair may comfort one's legs but makes one look really fat , perhaps a misreading of one's body as he or she is actually skinny . In this exhibition we encounter exactly a loose-fit relation between author's intentionality , audience ' reading , and critics ' interpretation . It is to a degree of looseness that could not form a common discourse for discussion . The seemly open-ended interpretation is created not by an open-ended intellectual voice , but rather an absence of aggressive argument . Therefore , I sense a dangerous signal of reletivism as the works could be indefinitely misinterpreted .

When Peter Eissenmen writes , a new discourse emerges . When Rafael Moneo writes , a new reading of context emerges . When Lo presents his work in this exhibition , what is new then ? The question is seemly so absurd , but yet so fundamental . Perhaps the real question is what the argument does the works construct/contribute ?

But this is a mission impossible for any responsible critic to meaningfully detect a legitimate reading or argument because of the passivity of curation in the exhibition . The works are far from shopping items , but why are they lined up in a matrix formation like every ordinary store ? Why drawings are lined up horizontally like a catalogue of every ordinary monograph ? Certainly the current curation manifests a sense of austerity and perhaps accurate to the title of '无华' . But in the age of social media , making a statement and throwing out a manifestation is the lightest and perhaps the easiest accomplishment to achieve . Just like what I am doing right now , shouting out , " Write more ! speak more ! And do more ! More is more ! " . Text will not ruin one's work , but encourage meaningful dialogue and discussion .

与其他展览相比，《无华》展提供给了观众较少的"字面"信息。信息精选的工作时常碰到一种两难的局面，类似选购一条牛仔裤。一条紧致的牛仔裤将人们美丽与性感的曲线展现出来，但随之而来的副作用是欠舒适甚至疼痛；一条宽松的牛仔裤带来了舒适的感受，却易让人看上去臃肿，在本次展览，不易让我们遇到的正是以上的宽松关系，在作者的意图，观众的阅读与评论者的解读之间存在的宽松关系。然而这种关系过于宽松，以至于无法建构起一套公共语汇来促进有效的讨论。现有看似宽松与多元的诠释并不是由开放性的理论声音所构成，而是在论点表达的缺失所形成的过于宽泛状态。从此，我感到了相对主义的危险信号，即作品可能被无限的误读，或者始终推摇在作品本身之外展的讨论。

当皮特艾斯曼发声，出现了一种新的语汇出现。当拉法尔莫尼欧书写时，出现了一种新的对文脉的解读。当卢志荣展示时，出现了什么新动向？这个问题似乎有些荒唐，但是却非常基本。也许真正的问题是其作品具体展示了什么样的论点，并以此带来什么样的贡献？

但是就本次展览而言，其过于被动的展览形式阻碍了有效评论的发展。这些作品完全不是商品，但是为什么他们被摆成商店或展示厅的形式？为什么画作被摆成横向的队列，与那些普通的作品集区别不大？当然现有的展示方式的确恰到好处地表达了谦逊与无华的姿态（同时也展现在作品本身），但是姿态与道德批判是最容易去提的事。就像现在我也可以很轻易地提出，"请写多一些，请说多一些，请做的多一些，多是更多！"文字不会摧毁无华，而是易于发展朴实的讨论与对话。

The woman asks the man, 'Do you love me?'
The man replies, 'Very much.'
'What do you love about me?'
The man remains silent and perhaps searching.

The woman seemly looks for a reassurance of the man's commitment in their relationship, but essentially she starts a dialogue about some sort of essence of love. If the man does not define his love to the woman meaningfully, meaning it fits into her expectation or romantic surprise, he would suffer miserably due to the woman's frustration.

The man asks 'Why are you angry?'
The woman answers 'Your love is not real!'
Cry and Flight, Struggles in Romance.

The reassurance of reality builds on the definition of essence. But as Lo expressed his love to me, I would not ask him to define his essence of his love. I can feel the love in the details of his works, on the edges, around the corners and very moment of touching.

LOVE IS IN DETAIL

The man loves the woman so much. They decided to get married. The man cooks the most delicate cuisine, stages all furniture in a perfect composition, keeps the house so clean one could not spot a dust. A sweet dream of seven years passed peacefully. But the man is not a saint. He makes mistakes as everyone of us does. One day the woman comes home, she is completely shocked that there is a whole fish lying on the beautifully polished kitchen island, which she never saw something so dirty/realistic in the past seven years. 'How disgusting! How ugly!' She screams and faints.

Besides the fish there was a piece of paper, written by the man, 'Sayonara, my goddess! Free me to the mankind, free me to the everydayness. Oh, BTW, you may not like it, but try fish barbecue in the backyard, taste the freedom.'

LOVE IS FREEDOM

女士问男士："你爱我吗"
男士答："非常爱。"
"你爱我什么？"
男士陷入安静或者沉思。

以上的对话是女方向男方寻求男方对这份感情的投入的保障，而实质上是她也展开了关于爱情本质的对话。如果男方此时不能给出有意义的对其爱的定义，即符合女方预期或浪漫的惊喜，那么他将受困与女方可怕的责难。

"你为什么生气？"
"因为你爱的不真诚！"
哭泣与干架，挣扎在爱情里。

真实性的备书是对本质的定义。卢志荣说他爱我们，我不会问他爱我什么，因为我能从它作品的细节中感受到，在边缘，在转角，在每一次的碰触中。

爱在细节中。

男士更爱女士了，他们结婚了。男士包办家务，做最精致的料理，将家具与器物永远放在最合适的位置，家中窗明几净毫无灰尘。甜蜜的七年恍如隔世。但是这个男人不是圣人，他会犯错。一天女士回家，此时那精妙，抛光，闪闪发光的厨房中岛上有一条死带鱼扭曲着趟在上面。她突然尖叫起来，"XXX 好丑！XXX好恶性！"，然后她昏倒了。

在死带鱼旁，男人留着一张纸条，"Sayonara，我的女士，让我成为人，让我回归日常，哦对了，你也许不喜欢，但是可以去后院做带鱼烧烤，平常自由的味道。"

爱是自由。

005
《宇宙学》
《相对性》
《日常的爱》

寻找自己的长河

左 加 ｜ 一叶轻舟

灵感来自落叶、露珠和摇篮。
船篷能够平躺折叠，可人工摇橹，也可电动航行，
是一件提供休闲生活的产品。

材料 枫木、铜
尺寸 6250mm×1560mm×640mm（长×宽×高）
　　　1560mm×390mm×160mm（长×宽×高）

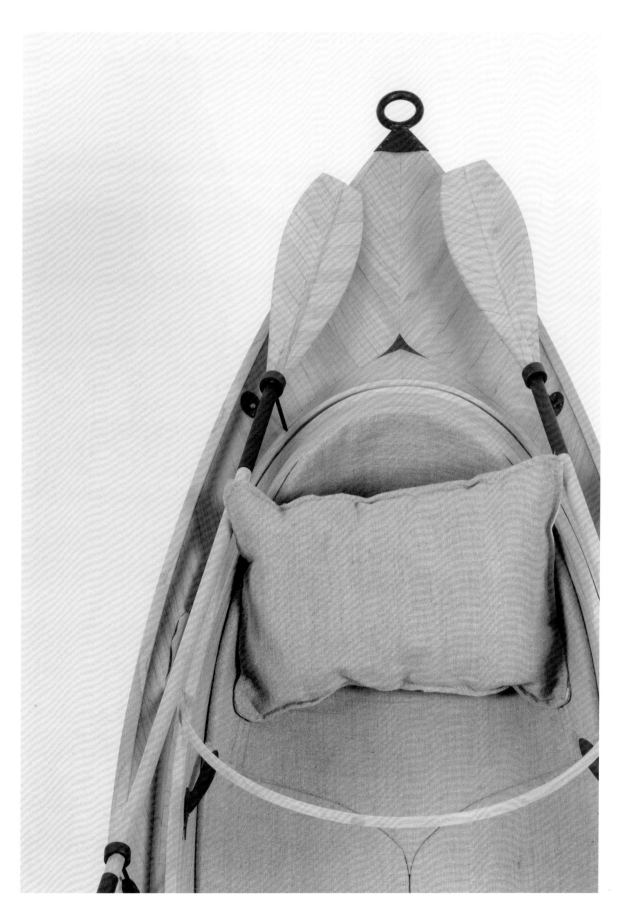

两年前，我为漓江设计过一条游船。希望在舱内看出去，风景像是一幅移动的山水长卷。这个过程让我体会到水上与陆地，漂浮与静止，技术与艺术，有着很不一样的特性。比如，吃水深度对船身重量的要求，对与水面接触的船底形状的限定，对材料的选用等都有了巨大的限制。假如我把舱壁大量透明化，对传统船只的结构方式就会带来巨大的改变和挑战。

卢老师说："你把这条船再设计一次吧！但是这次你就设计一条小小的。一个人两个人用就可以了。"这么小的船，它几乎没有空间了。对于我们通常做空间设计的人来说，这似乎把我们的武功彻底废了。没有了空间，那它就是一件产品？或者说空间的定义在改变……

我还是想保留山水长卷里的那一种人文意境，一叶孤舟，寒江独钓。但同时我又觉得这条小船真的不需要什么设计了！过多的设计，也许就不是那个意境的初衷了。

于是，我改变了方向。不再是出世的清修，而是希望它更多地承载入世的、人间的爱和温暖。我希望这条小船能成为家庭休闲生活的一种标准配置，所以它应该是很轻便的。

最初，我想起小时候纸折的飞机、纸折的船和风车。我希望能寻找一种材料，通过转折、折叠的构造方式，让它可以折叠起来，放在车尾箱。它以三角形为基础，组合成六边形或者多边形的形态。可以有一个桅杆竖起来，上面有三角形的帆。把帆折下来，它可以起到遮阳的作用。

我也想过它可以是一个贝壳的样子，很有爱，关起来可以给人以保护。它的盖子可以打开，打开的时候是帆。这个盖子类似于太阳镜的材料，但是它可以更轻一些。在白天它可以遮挡紫外线，到了晚上我们可以透过它看天空的星星。但是这个盖子面临一个问题，就是它的材料目前还没有很好的解决方式。如果它不够轻的话，在立起来的时候，就会造成船两头的重量不平衡。它的形式和位置也起不到帆的作用了，相反可能会带来危险。

所以我又放弃了单方向开启的方式，转而从竹篮的提手和敞篷车上找到灵感。我决定以平躺折叠开启的方式来解决它的功能和安全。然后我把船变成了类似于一片叶子的相对传统

的形式。功能也尽量完善，我希望这条船是能滑动的，当人滑累的时候，它也可以通过电动的方式前行。最终调整到自己满意的程度。

但是问题又来了，它似乎太像一条正常的船了。对一个设计师来说，它似乎没有满足一个设计师对创意的渴望以及虚荣心。在这个问题上，我纠结了很久。因为我总是希望它一出现的时候，可以让人惊艳。它似乎缺少一些时尚的未来感，缺少一点点像艺术品那样，让人思考、回味的东西。

但什么是未来感呢？未来感就是电影《星球大战》里那样的场景吗？那什么又是艺术呢？我们该如何去定义艺术？艺术的意义和目的又是什么？

我还是小小地战胜了一下自己的表现欲和虚荣心。这条船，我希望它带给人的是可爱的、有亲和力的、温暖的感受，简简单单的一种诗意和情怀。于是我把落叶、露珠、摇篮的概念综合在一起，成就了现在这个船的样子。

到这个时候，我体会到了卢老师让我从一条大船变成设计一条小船的用意所在，因为回到一条小船的时候，我就更加要去考虑船的本质。不仅仅是它的形式、尺度，还有与人身体的密切关系。这些对小船的细节、便利性与美感的高度统一提出了更高的要求。同时要考虑它在运行中与自然的关系。它是如何与水、风、阳光相处的？它的动力如何去实现？等等。

这个过程中，我还重新回味了一些美妙的存在，关于几何、关于数学、关于科技、关于艺术。让我体会到一个设计师应该具备怎样的知识结构体系，以便他在今后的创作中，统筹、沟通不同领域的各种专业。去摸索和探究认知各种事物背后那个共通的逻辑、体系和方法，从而将各领域的知识、经验和智慧融会贯通。打破常规的行业局限，进而产生新的可能。这可能就是我们谈设计创新的基础所在，即便今天的科技如此发达。

模型制作是一次非常好的建造过程的预演。从电脑放样、构造方式研究、初模、修正、饰面、安装配件这些过程中，我们去和材料进行对话，去了解它的性格。我们通过技术去实现它们可以成为的样子，木头被弯曲打磨后像肌肤一样的触

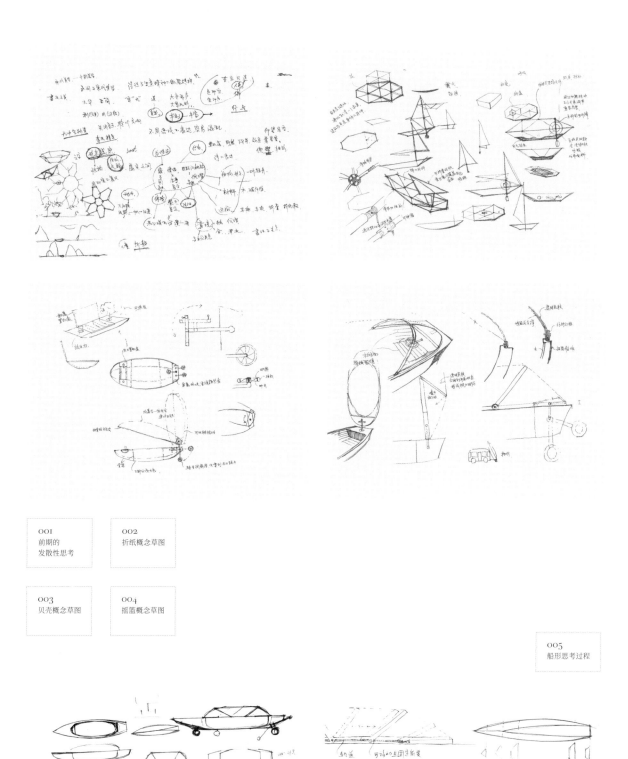

001
前期的
发散性思考

002
折纸概念草图

003
贝壳概念草图

004
摇篮概念草图

005
船形思考过程

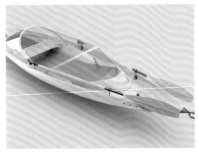

感，金属被锤炼之后的理性与坚毅。但最终能让我们感受到美感和温度的还是人所给予的，科技只是我们的工具。这也让我去思考人的思想意识、技术生产、有时间有温度的手工艺制作三者之间的关系。在大量的制作被智能取代后，人又将何去何从？

我深深地感受到，设计不是老师能教我们什么，而是老师如何激发我们去思考。卢老师就是这样一个非常棒的教练。经过这次训练，我开始对更细微的事物有了更敏锐的感知能力，对更复杂事物的把控有了更坦然的自信。

我感觉自己进入了一个新的状态，更有激情和想象力，对未知事物充满了更多好奇。我开始去想，如何把这个概念回归到一个婴儿的摇篮？是否可以让它成为一辆车？如果我再去设计那条大一些的游船，我更可能会把它应用在陆地上的建筑。我似乎找到了一种内在的感受、一种方法，去延伸更多未知的、新的事物或领域。

这或许就是由一艘船触发的、向内的自我追问。如果我们用来保护躯体的空间不只是静止的，如果我们可以携空间一起自由地投入更广阔的自然怀抱，我们的空间因外在的变化而一直变化，空间将会以怎样的姿态呈现？

当我们的建筑屹立或是漂游于山水之间，对于自然来说，这是生长、对话还是入侵？我们将以怎样的姿态、语言与之对话、沟通、共存？是无所谓？是示威？还是谦逊？

有人说，心灵的本质是由孤独而生的爱和恐惧。于是，在孤独中找寻与自然、与人的连接。在连接中获得安全，体会爱，并由爱建立更多有序的连接。在有序中形成连接的方式与仪式，在方式和仪式串联、叠加、沉淀的过程中，感知欢乐、温暖、无奈或苦涩。我们会回忆曾经那些爱的温暖，为心灵注入能量，来面对未来与未知。

我们在造化中寻找启示，找寻上苍让我们得以存在的法则，找寻、体验先哲们留下的智慧遗产。接下接力棒，继续找寻精神、灵魂、哲学、数学、物质背后的大美。

在找寻中收获体悟，在体悟中收获愉悦，在愉悦中收获激情，在激情中扑向更广阔的世界。在更广阔的世界间，找寻那个本来的自己……

007
模型照片

008
场景效果图

设计师简介

陈志林

毕业于中央美术学院。
供职于深圳矩阵纵横，师从卢志荣。
探索民族化传统与现代技术的融合，
将中国的传统文化和审美融入现代工
业生产。
尊重材料特性，在设计中融入创意|
哲学|文化|艺术，赋予器物灵魂与气
韵，追寻美的足迹。

郭璐璐

京设计工作室签约产品设计师
独立产品设计师
毕业于中央美术学院家居产品设计专
业，致力于将传统文化精髓与当代文化进
行融合，探寻具有中国文化精神的设计。

李佳芮

九五后齐鲁人士，现居岭南。力求心
手相应，雅俗同赏。

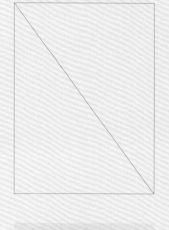

李世兴

产品设计师
2014 年毕业于汕头大学长江艺术与设
计学院产品设计专业；
从事家具、灯具、器皿、空间展示等
方面的设计工作，致力于探索设计跟
人类活动经验之间的平衡。

李兴宇

苏州奇点创意设计创始人
TREASURE 传世顾问、签约设计师。
专注家具设计、空间设计、品牌设计。

刘鑫

十一·集创始人
约哈斯设计机构创始人
意大利米兰理工大学艺术硕士
CCTV-2 明星设计师
跨界设计师
法国双面神奖得主
淘宝大学讲师

刘兴虎

深圳名汉唐设计室内主创设计师
专注于展览展陈、商业空间、人居环
境设计

牛犇

工业设计师
2007 年毕业于北京工业大学产品造型
设计专业；2011 年毕业于中央美术学
院设计学院第二工作室工业设计研究；
2007 年至 2014 年任洛可可创新设计集
团顾问讲师及资深工业设计师、品物商
业设计集团设计总监、立方设计工业设
计师。
2014 年创立"妙物设计"，专注产品基
础研究、产品原型设计、产品外观及结
构设计。

彭敬思

Studio JS.D 创始人
讲求享受每一个设计的过程，过程即结
果，每进一寸便有一寸的欢喜。
2021 年度 Muse Design Awards 美国
缪斯设计 铂金奖；2020 年度入选《安
邸 AD》杂志 AD100Yong 中国最具影
响力 100 位建筑和室内设计新锐；2020
年度新浪家居中国室内新势力榜华东区
TOP10 杰出设计师；2020 年度意大利
A' DESIGN AWARD 银奖

彭钟

弗居 forgotong 品牌创始人
专注设计与传统美学的思索、工艺与材
质的探究，文化与哲学的积淀。以产品
为媒介，空间为载体，诠释现代东方精
神。2011 年创立弗居 forgotong 原创
家居品牌。以设计为导向，专注于中国
禅意空间产品美学研究。先后获得德国
红点奖、IF 奖、台湾金点奖等国际国
内 180 多项大奖。

宋鹏

建筑师，室内设计师，新媒体艺术家
毕业于芝加哥艺术学院，问美建筑设
计总监，中国图像图形学会数码艺术
专委会委员，中国流行色协会建筑环
境色彩专委会委员。实践于杭州，在
深耕建筑与空间营造的同时，力图将
交互体验 / 机械装置等混合媒介植入
场景，创造沉浸的空间新体验。

王光旺

雕塑装置艺术
毕业于中国美术学院公共艺术学院
作品的创造力源于各类文化的多元融
合，尤其是东方文化智慧，使其创作
的雕塑与装置艺术具有"当代化的中
国传统"属性。作品创作类型多样，
善于创作高传播性、高互动性、高记
忆点的 IP 雕塑，有着丰富的创作和
落地经验。将活泼内敛、赤诚的创作
之心、兼收并蓄的专业风格体现在每
件作品中。

王树茂

Femo Design Studio 创始人
收藏有上千件原版设计，深谙现代设计美学及制作工艺，设计作品曾获中国设计奖年度至尊奖，红点奖，IF设计奖，金点奖，中国智造大奖，红星奖未来之星奖（全国两名）等专业竞赛120多项。作品参加意大利米兰家具展，瑞典斯德哥尔摩家具展等展览40余次。担任中国家博会"D2M Lab 设计样"版块总策展人等。

王洋洋

2010—2014年就读于中央美术学院。
2016—2020年供职于梵几家具品牌。
作为设计师汲取自然、儿时记忆、中国传统文化为灵感，内化为有机耐用的家具和空间。
2017年《平云衣架》获得Good Design Award 设计奖。
现生活工作于上海。

王蕴涵

中央美术学院本科，意大利米兰布雷拉美院硕士
曾任深圳杰恩创意设计股份有限公司(J&A)产品研发部设计总监，负责意大利 Turri 等多个品牌产品研发项目。
2019年创立独立工作室，提供家具设计，产品设计，空间设计，装置设计等设计服务。

闻珍

毕业于中国美术学院
臻邸 Z.D Speace Design 创始人
淘宝大学、绿城集团内部讲师
致力于高端私宅、房企、酒店室内及软装设计产品整合服务。
曾获中国室内设计总评榜最佳陈设艺术，金堂奖中国室内设计评选优秀酒店空间设计、中国设计新势力榜、艾特奖国际空间设计最佳会所设计、日本IDPA AWARD 国际先锋设计等。

徐乐

产品设计师、韩国国民大学在读博士、浙江工业大学之江学院教师、杭州大巧创意设计有限公司创始人、文化部文化产业创业创意人才库成员、美国工业设计协会会员。曾荣获德国红点奖、IF设计奖、美国IDEA设计奖、意大利 A′ 设计奖金奖、广东省"省长杯"工业设计大赛产品组金奖等百余项国内外设计大奖。设计作品曾参加过意大利米兰家具展，广州国际家居展等展览数十次。

徐璐

2010年毕业于中央美术学院家居专业第九工作室，后赴美国罗德岛设计学院攻读家具设计研究生。2017年在美国创立 ABOVE 原创家居品牌，现居住于杭州继续 ABOVE 品牌的原创设计工作。

徐倩

毕业于中国美术学院工业设计系
曾任杨明洁设计顾问（上海）有限公司 - 羊舍品牌设计主管
产品涉及家居、出行、办公、餐食器皿、空间装置等领域
致力于中国传统工艺的再思考与再设计
2017年"榫卯的重构"扶手椅获得美国IDEA设计奖
现工作生活于杭州

余强

中国美术学院艺术设计硕士
产品、服务、体验设计师

郑戎颖

生于福建漳州，毕业于中国美院公共
雕塑系。
2016 年创立"泥想国"，以混凝土和水
磨石为主要材料进行产品设计与制作。

郑亚男

毕业于北京服装学院产品设计系
2017—2020 年曾就职于多少家具设计部
现居河南从事家具产品设计、空间设计

郑志龙

毕业于广州美术学院建筑与环境艺术
系，拾木记创始人，作品曾入围西班
牙马德里 LOEWE Craft Prize 罗意
威国际工艺奖展，作品树椅子曾参加
全球巡展。

朱岸清

2010 年获新南威尔士大学建筑学士学
位。2012 年于瑞典皇家理工学院获建
筑学硕士学位。2017 年赴康奈尔大学
研究生院学习，并以第一名的成绩获
得建筑理论与话语专业硕士学位，并
获年度最佳学术表现奖。归国后成立
大汇设计研究工作室，探索建筑实践
在转型期的中国思考维度与话语的多
元可能性。

左加

亚太酒店设计协会常务理事
意大利米兰理工大学硕士
尚合十方建筑设计有限公司创始人
左加环境设计有限公司负责人
哲漫艺术生活系列品牌管理机构创始人

迷雾里的远山

林 楠

2019 年 5 月 14 日举办的"卢志荣设计工作营"是这本书的起点。随着每位从全国选拔的 46 位学员的背景和追求，卢老师亲自为他们提出各具挑战性的研发题目，并安排了 6 天高强度的课程内容，每日上午分别由何人可、梁志天、王见、杨明洁、祝小民、温浩 6 位老师做主题演讲，下午和晚上则是卢老师与学员进行深化方案的讨论。

从建筑到室内，从家具到器物，从艺术到写作，每个题目都会激发大家的思想碰撞，并由此引发更深刻的话题：设计的意义、哲学、爱……热烈的氛围常常持续到凌晨一两点。一次次打破常规的思考与实验，一次次刻骨铭心的突破与重建，释放了彼此的潜能和志趣。在这个过程中，发生蜕变的不仅仅是每个人的作品，更是他们自己。

短短的 6 天，我们浸润在卢老师的作品、思想、言传身教之中。他就像一座处在迷雾里的很远很远的远山，让我们剥开表象参透设计：只提供方向而不是答案，只鼓励激发而不评判指责。他的每一次话语都饱含振奋人心的力量，总能用一种他人乐于接受的方式，燃起我们迎接任务、挑战自我的决心。

25 位青年设计师的个性、思想、能力、阅历各不相同，但都融入在作品中外化出来。在我的一次次追问中，他们用文字溯源设计的细枝末节，重温推敲设计的幕后，作品和思想也在一次次遣词造句中变得澄澈。文字和图像的结合，开启了我们认知设计的不同感官通道，这种解读远大于作品本身，让多角度的思索有了可能。解构设计不仅让我们复盘自己，也让工作营的故事在启示他人的过程中有了更多延续。

这 25 个题目就像一幅设计版图，反映着当下设计界的现状和设计师的困境。只要设计还存在，它们或许一直都有探讨的价值和意义。从过去到现在，从现在到未来，在不同的时空维度，重新定义设计的方向和演绎。正如卢老师所言："什么是令你更向往、更值得探索的方向？什么让你感到所做所创更具意义？"

一个成熟的设计师，他的作品总伴随着生命成长而变化、发展。无论你处在设计人生的哪个阶段，都会在这里读到自己：在《克服犹豫》的行动中，体会知行合一的满足；在《克服逃避》的迷茫中，迎接灵感的降临；当你沿着设计的出发点一步步推导，终会看到《坚信的成果》。或许在设计这条路上也是"条条大路通罗马"，当我们抛开具体的作品，每个题目都会变成通向设计真谛的入口。

什么是设计？当你置身于某座建筑，它的空间氛围是否引发了《人与精神的对话》？当诗人徐志摩装新房，是否可以从《你亦是诗人》的角度列一份软装清单？当你为自己而设计，是否可以在《都是细节》的打磨中找到以物修心的精神追求？当作品超越尺度的局限，翱翔在渺小与宏大之中，那是因为《心要细 空间才广宽》……

什么是设计语言？《不透明的透明》让我们在朦胧的语境下，感受光影与材质间的嬉戏；如果材料、技术、工艺都《不能加也不能减》，怎样精准地表达设计？除了考虑造型的美感，设计也不能忽视《形状离不开力学的逻辑》；如何让功能在《物之静 形之动》中，找到形态与动势的平衡？对技术的掌握并非朝夕之间，虽然《小象把我难倒了》，但我们看到设计在落地过程中的重重困难；新材料的诞生总会激发新的设计，这便是《未来在你们手中》……

什么是设计思维？《飞机可以用石头打造吗？》这些看似异想天开的问题让我们看到偏离常规的设计可能性；《成熟的思维是怎样的？》帮我们细腻地解锁思维的缜密；当你摒弃过多的表达欲望，尝试用减法诠释《空有多空》的境界……当你《寻找自己的长河》时，会发现设计的细分专业间有一种相通的默契……

什么是设计的评价标准？当你明白《十常八九 原创一二》，就会重新构建自己的设计语言；当我们徘徊在《语言的复杂性与矛盾性》中，设计评论帮我们找到了剥离设计专业与大众之间界限的路径；当《设计者与制造商之间的距离》不可避免地存在时，你如何主动出击弥合这种距离？

什么是设计的意义？珍惜每一次设计机会，抱着这是《世界上最后一块木头》的心态，让造物更具价值；在设计中《让艺术说话》，设计和艺术同样具有发人深省的智慧和责任；大自然永远是我们的灵感宝库，《有比大自然更美之美吗？》让我们随时感受它的魅力；当一个抽象的概念转化成具象的器物，《我想透过镜子去看那朵花》的行为也有了仪式感；当生活中的偶然被设计捕捉，一条充满《诗意的河流》在欢唱……

设计的神秘面纱或许就在这字里行间中慢慢揭开：第一遍顺着作者的思路读下去；第二遍试着跳出来，全身心地投入到题目中；第三遍提炼出卢老师的每一次教诲，感受指点迷津后的清透心境。

或许我们每个人的心中都有一座远山，历经岁月的洗礼，沉积出信仰的步伐。在一次次剥开迷雾的攀登、回望中，窥探它的全貌。在设计工作营中，卢老师便是那座远山。让我们重新在人生坐标系中，标定自己与设计的最佳契合点。

感谢卢志荣老师，让我以编辑的身份全程参与并见证了这件有意义的事。感谢出版社的杜娟老师及她的团队，感谢书籍设计师刘芳老师及她的团队，感谢每一位学员，在与你们的沟通中，我再一次领略了设计世界的美好。

最后感谢"卢志荣设计工作营"，因为共同的爱，我们相遇相知。是大家的奉献与坚守孕育了这本书，也让此书有了不一样的分量。

2021 年 7 月 20 日

图书在版编目（CIP）数据

设计木人巷 / 陈志林等著 . —北京：中国林业出版社，2021.9
ISBN 978-7-5219-1314-9

Ⅰ . ①设… Ⅱ . ①陈… Ⅲ . ①产品设计－作品集－中国－现代 Ⅳ . ① TB472

中国版本图书馆 CIP 数据核字（2021）第 169398 号

中国林业出版社

责任编辑：杜 娟 李 鹏
电　　话：（010）83143553

出　　版：中国林业出版社（100009　北京市西城区德内大街刘海胡同 7 号）
网　　址：http://www.forestry.gov.cn/lycb.html
发　　行：中国林业出版社
印　　刷：河北京平诚乾印刷有限公司
版　　次：2021 年 9 月第 1 版
印　　次：2021 年 9 月第 1 次
开　　本：787mm×1092mm　1/16
印　　张：11.25
字　　数：450 千字
定　　价：128.00 元